非标专机
设计制造实用技术

周志明　唐丽文　唐陶惠　著

化学工业出版社

·北京·

本书为作者多年工作实践的总结，全书共分5章，第1章系统介绍了机械化生产铸钢车间的设计以及燃油燃气两用熔铝炉的设计等；第2章系统介绍了活塞毛坯的铸造、液压浇铸机、隧道式活塞预热炉和石墨干燥固化炉、半精车车床、外圆及鼓包车床、粗镗活塞销孔等专机的设计与制造等；第3章讲述了桥式起重机和轻型塔式起重机的设计与制造；第4章介绍了桥式起重机的安装，弹性橡胶垫在模锻锤安装基座中的应用以及模锻锤锤头修复等；第5章主要介绍了大模数大直径齿轮和齿向变位圆锥齿轮的加工，大直径环形轴承辊道的磨削加工等特殊条件下的加工方法。

本书可作为企业生产技术和质量管理的工作人员用书，同时也可作为大、中专院校机械类专业的参考书。

图书在版编目（CIP）数据

非标专机设计制造实用技术/周志明，唐丽文，唐陶惠著. —北京：化学工业出版社，2016.8
ISBN 978-7-122-27434-2

Ⅰ.①非… Ⅱ.①周… ②唐… ③唐… Ⅲ.①机械设计 Ⅳ.①TH122

中国版本图书馆CIP数据核字（2016）第143301号

责任编辑：韩庆利 　　　　　　　　　　　　文字编辑：张绪瑞
责任校对：吴　静 　　　　　　　　　　　　装帧设计：关　飞

出版发行：化学工业出版社（北京市东城区青年湖南街13号　邮政编码100011）
印　　装：北京云浩印刷有限责任公司
710mm×1000mm　1/16　印张8½　字数156千字　2017年1月北京第1版第1次印刷

购书咨询：010-64518888（传真：010-64519686）　　售后服务：010-64518899
网　　址：http://www.cip.com.cn
凡购买本书，如有缺损质量问题，本社销售中心负责调换。

定　　价：36.00元

前　言

制造业是国民经济的主体，是立国之本、兴国之器、强国之基。没有强大的制造业，就没有国家和民族的强盛。打造具有国际竞争力的制造业，是我国提升综合国力、保障国家安全、建设世界强国的必由之路。改革开放以来，我国制造业持续快速发展，建成了门类齐全、独立完整的产业体系，有力地推动了工业化和现代化进程。然而，与世界先进水平相比，中国制造业仍然大而不强，在自主创新能力、资源利用效率、产业结构水平、信息化程度、质量效益等方面差距明显，产业结构转型升级和跨越发展的任务紧迫而艰巨。为了适应当今科学技术的发展，我国提出了"中国制造2025"。中国经济升级发展根本靠改革创新。企业是市场主体，也是创新主体，因此企业要面向市场，贴近需求，着力提升核心竞争力和品牌塑造能力。

本书中主要叙述的重点内容包括以下几个方面。

(1) 电弧炼钢炉的技术改造。先将炉门框改成带拱弦伸入炉内的水冷炉门框，接着又改制了水冷炉盖圈、水冷电极夹头，提高了炉龄使用寿命两倍以上。最后又对炉体结构进行了改造，即可用活底料罐一次性就将全部炉料装入炉内，将原需一个多小时的装料时间在短短的几分钟之内就完成了，大大地降低了操作者的劳动强度，节省了每炉钢的冶炼时间，降低了炉内热损耗。

(2) 大型机械化造型铸钢车间的设计。新砂供应系统、机械化混砂系统、造型系统、落砂系统、旧砂回收与废砂处理系统等这些设计是根据生产工艺流程所需，并结合某企业的实际情况，进行非常实用的布局和设计。

(3) 活塞毛坯液压浇铸机的设计与制造。与国外同类引进的进口设备相比，这种浇铸机的使用性能与工作效率可提高30%。投产后每年的维修时间和工作量可减少60%，极大提高了设备的利用率。此外，每台的制造费用仅为进口设备的八分之一。现已投入使用的有近一百台，每台可节约资金达数十万元。

(4) 桥式起重机的设计与制造。针对桥式起重机的大车桥梁结构，设计出由型材组焊而成的花架梁代替传统的箱式梁结构，焊接工作量和割焊原材料减少了60%，同时消除了焊接变形。

(5) 用弹性橡胶垫安装模锻锤和自由锻锤。用12~16mm厚的夹布橡胶带垫代替原来的 500～600mm 厚的硬榨木排垫安装在锻锤锤座下面，可达到相应的减震效果，并显著提高了工程质量的可靠性和大大节约了成本。

（6）在卧式镗床上加工大直径、大模数的齿轮；在立式铣床上加工齿向变位的圆锥齿轮；在摇臂钻床上磨削加工大直径的环形轴承辊道等特殊工件的特殊加工方法，为生产高质量活塞提供了高效率的生产设备。

书中所述项目的设计与制造，均已得到生产实践的验证，在实际应用中取得了良好的效果。本书作者唐陶惠多年来不断地努力学习各种专业知识，并致力于将所学知识与工作实践结合起来，曾担任机修车间主任，设备分厂总设计师，对生产管理、工装及非标设计与制造，设备安装与修复等方面的技术与业务掌握得较为全面，曾获得中国兵器装备集团公司"老干部先进个人"荣誉。与此同时，唐陶惠长期担任某企业职工技术培训和函授大学培训班的兼职教师，结合自己工作经验与实践，培训成效显著，获得湖南省五机系统"优秀职工教育工作者"等光荣称号。

全书共分 5 章。第 1 章系统介绍了机械化生产铸钢车间的设计以及燃油燃气两用熔铝炉的设计等，第 2 章系统地介绍了活塞毛坯的铸造、液压浇铸机、隧道式活塞预热炉和石墨干燥固化炉、半精车车床、外圆及鼓包车床、粗镗活塞销孔等专机的设计与制造等；第 3 章讲述了桥式起重机和轻型塔式起重机的设计与制造；第 4 章介绍了桥式起重机的安装，弹性橡胶垫在模锻锤安装基座中的应用以及模锻锤锤头修复等；第 5 章主要介绍了大模数大直径齿轮和齿向变位圆锥齿轮的加工，大直径环形轴承辊道的磨削加工等特殊条件下的加工方法。

本书由重庆理工大学的周志明、唐丽文和唐陶惠著，全书由周志明进行统稿，重庆理工大学黄伟九主审。周志明与唐陶惠编写第 1 章和第 2 章，唐陶惠和唐丽文编写第 3 章，唐陶惠编写第 4 章，唐丽文编写第 5 章。重庆理工大学的研究生罗天星和陈光海参加了资料整理与校正工作。

感谢国家自然科学基金（51101177）、重庆市科技攻关项目（cstc2014yykfB60004）、重庆市研究生教育教学改革项目和重庆市教育教学改革项目、重庆理工大学研究生教育教学改革项目和重庆理工大学教育教学改革项目等项目支持。

本书值得企业生产技术和质量管理的工作人员借鉴，同时也可作为大、中专院校机械类专业的参考书。

由于水平有限，书中难免有疏漏或不妥之处，敬请广大读者批评指正！

著　者

目 录

第1章 机械化生产铸钢车间的设计 / 1

第2章 活塞毛坯的设计与加工 / 43

第3章 起重机的设计与加工 / 85

第4章　设备的安装与修复　/ 105

第5章　特殊条件的特种加工方法　/ 119

参考文献　/ 128

第1章

机械化生产铸钢车间的设计

铸钢车间，又俗称翻砂车间。铸钢车间第一道生产环节就是炼钢。炼不出合格的优质钢，就无法生产优质的铸钢件。现将某铸钢车间作如下设计：

① 年产铸钢件 10000t，平均月产铸钢件 840t 左右。

② 根据一万吨铸钢件的生产纲领，全年需要冶炼 14000t 合格钢水。

③ 设计选用 2 台 3t 电弧炼钢炉，每台炉月产合格钢水 600t 左右。

④ 年工作日按 240 天计算。

⑤ 设计以机械化造型为主、手工造型为辅的生产手段。

⑥ 铸件的清理，除手工切割冒口、浇道、铲挖、焊补、划线外，表面喷砂、抛丸、热处理均以单机非标设备承担。

⑦ 设计主生产面不小于 6800m²，平均每平方米年产铸钢件 1.6t。该指标订得较先进。辅助生产面积 800m² 左右，办公及生活间面积 300 多平方米。

1.1 老式结构炼钢炉的改造

老式结构炼钢炉如图 1-1 所示，由炉体、传动结构、升降架、立柱、滑轮、电极、电极夹头、冷却水套、炉盖、倾动手轮等组成。

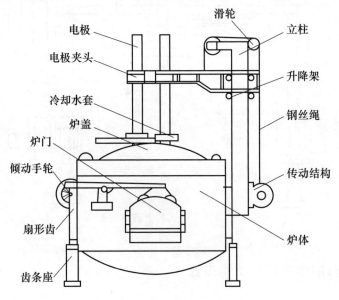

图 1-1 老式结构炼钢炉

1.1.1 龙门式的金属结构架及传动机构的设计

龙门式的金属结构架如图 1-2 所示，由型材和钢板组焊而成，有足够的刚性和强度。下面设计了四个走轮和轮轴，安装在八套轴承座、轴承、轴承盖上。两个主动轮由两套针形摆线减速器带动电动机来传动，可在齿条座两边架设的钢轨上行走。将三套电极升降架加长且和立柱与炉体分开，安装在龙门架的一侧。立柱可随龙门架一起离开炉体。在电炉炉体的上部焊两个内圆外方的插座，在龙门架的相应位置也焊两个同样的插座，两插座之间的距离为 5mm。再将两个插销分别从龙门架外边向里插入，使两边的插座相连，这样炉体与龙门就连成了整体。插入插销，龙门架可随炉体一起倾动。拔出插销，炉体不动时，龙门架可在轨道上行走。龙门架下的两根轨道各分成两段，一段固定铺设在出钢炉上部的两边，另一段在龙门架下，用钢轨座支承。两段之间用插销连接。插入插销，两段成整体。拔出插销，龙门架下的钢轨，可随龙门架倾动。可倾钢轨下的扇形板与炉体上的扇形齿弧连接成整体，可实现一起倾动。

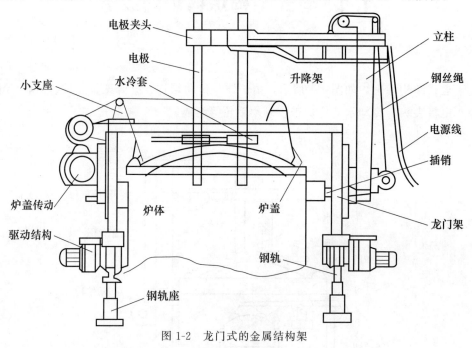

图 1-2 龙门式的金属结构架

1.1.2 提升炉盖的传动机构设计

提升炉盖传动机构（图 1-3）由电动机、大小齿轮、行星摆线减速箱、轴承

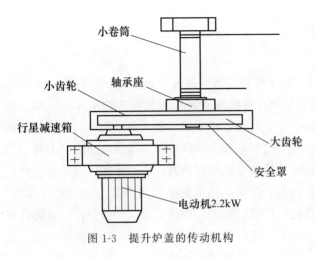

座、轴承、轴承盖、小卷筒等组成。电动机功率为 2.2kW，转速为 720r/min，行星减速箱传动速比为 1：70；小齿轮传动大齿轮，传动速比为 1：3；总传动比为 1：210。小卷筒每转一圈可使钢丝绳将炉盖提升 200 多毫米。只要 20s，炉盖就可提升到位。在龙门架上面相应的位置装有两个滑轮，滑轮槽正好对准炉盖的两个吊环。从小卷筒上接过来的

图 1-3 提升炉盖的传动机构

钢绳，经过滑轮槽向下，就能拴住炉盖的吊环。小卷筒反、正方向旋转，炉盖起落自如。

1.1.3 电动倾炉机构的设计

传统的手动倾炉，结构简单；一个直径达 600mm 的大手轮，装在一根大丝杆的一端，丝杆的另一端旋入与炉体上部连接的合页螺母。每次出钢时，人工扳动大手轮旋转，从而拉动炉体向后倾斜，钢水就从炉体后面的流水槽流出。两只手需不断地换位置，用力不均，炉体倾动不平稳，且操作非常笨重。电动倾炉机构（图 1-4）由可倾的小工作台、电动机、联轴器、减速箱、大丝杠、合页螺母及螺母座等组成。可倾工作台装在原来的支撑架上部，电动机等传动装置都装在工作台平面上，螺母座及合页螺母与炉体连接。只要传动丝杆旋转，即可使炉体倾斜或复原。电动倾炉机构动作非常平稳，操作简单灵便。

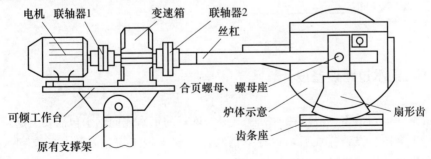

图 1-4 电动倾炉机构

1.1.4 活底式料罐的设计

活底式料罐（图1-5）由一个圆柱形的大桶和吊环、加固圈、六块活动的组合链极组成，一罐能装8t炉料。呈等腰三角形的连环板构成料罐的底部。六块活动的组合链极，可用钢丝绳在底部中心位置任意锁紧或放松。钢丝绳一头与六块连环板中一块的环扣拴牢，再将另一头穿过其余五块的环扣，从罐底直通罐口上部。当起重机副钩吊住该绳扣向上提起时，活动罐底即被锁紧，成为平底。将罐底放到地面上，其绳扣挂在桶身外专用小钩上。此时，用电磁吸盘将备好的炉料装入罐内。待电炉熔炼一炉钢之后，炉上的龙门架已经移走，炉体无盖，炉膛空虚，急需装料时，则用起重机主钩吊住罐口上部双吊环，再用副钩吊住由罐底拉上来的绳扣，先将钢丝绳拉紧，接着主、副钩一起运作，将料罐运至炉膛上部，副钩将钢丝绳向下松，主钩将料罐向上提。这样在不到5min时间内，一炉料就全部装好了。用电磁吸盘往罐内装料，大大提高了生产效率。与此同时，需注意炉料在装罐之前的配备和成分，如生铁、废钢、切屑压制的块料，回收的浇冒口、机加废零件，边角余料等合适的比例和大小。

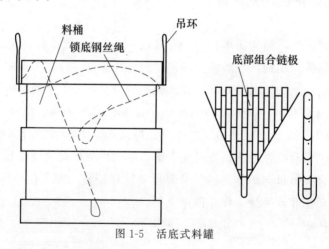

图1-5　活底式料罐

1.1.5 钢水过跨设备设计

由于炼钢与造型一般不在同一座工房，炼好的钢水连同钢水包需要一起运到造型工房去浇铸。浇铸完成后，再将空钢水包运回炼钢工房，因此必须有钢水过跨车。钢水过跨车的设计有以下两点要求：

① 钢水过跨车的载重量要大于20t。因为一炉钢水加钢渣加钢水包，总重是

11t 左右，结合考虑安全系数，一般需要设计在 20t 以上。

　　② 钢水过跨车的车速不宜太快，速度快了则钢水不平稳，每分钟 20m 即可。

　　钢水过跨设备（图 1-6）包括钢水过跨车、电动卷扬机、导向滑轮组、换向滑轮组等全部配套设备。

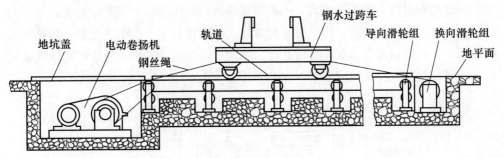

图 1-6　钢水过跨设备

　　钢水过跨车（图 1-7）由车体、车轮、轮轴、轴承座、轴承、轴承盖、车体平板上的支架等组成。车体是用 20 号槽钢纵向、横向合理分布、搭配组焊而成，具有足够的刚性和强度。车体上平面铺一层 8mm 厚的钢板，钢板上装有稳定钢水包的四个支架。支架的坐落位置，根据钢水包外径的相应高度处来决定。钢水包放入四个支架中间，不要碰撞，要略有空余空间。只要钢水包稍有移动，就会被支架挡住而稳定，不至于产生大的摆动和倾斜。支架向里面有弧形的挡板，其弧度与钢水包相对应。车体下面四个角的适当位置各装有两套轴承座，轴承座内装轴承，再装轮轴和车轮，外边用轴承盖密封。

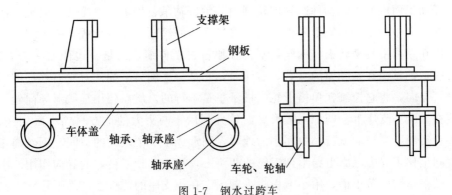

图 1-7　钢水过跨车

　　电动卷扬机（图 1-8）由机座、电动机、电磁制动器、制动轮、联轴器 1、减速箱、联轴器 2、卷筒轴、卷筒、轴承座、轴承和轴承盖等组成。机座是由槽钢组焊而成的结构件，上面铺一层钢板。卷扬机的全部零部件都安装在这块钢板上。电动机的两头都有出轴，后端的轴上装一件制动轮，制动轮外面是电磁制动器。当电动机断电不旋转时，制动器就立即抱紧制动轮，不发生惯性运动，过跨车立即停止。电动机前轴装一套联轴器1、与齿轮减速箱连接。减速箱出轴装一件齿轮，插入卷筒一端的内齿圈而组成齿轮联轴器2、可带动卷筒轴和卷筒一起旋转。卷筒轴的中段装卷筒，轴的一端装轴承，轴承由落地式轴承座架住，再用轴承盖密封。

钢丝绳在卷筒上绕了4圈后，一头直接与过跨车体前端下部牢固连接。另一头穿过地沟里各组导向滑轮，再穿过换向滑轮，与车体后端下部牢固连接。当卷扬机启动后，正转时，可拖动车体向前行走，钢水可运至造型工房去浇注。卷扬机反转时，车体及空钢水包又回到炼钢工房。

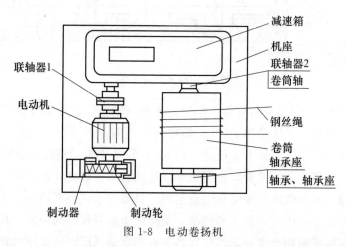

图 1-8　电动卷扬机

导向滑轮组（图1-9）由一个小支座和两个导向滑轮组成。小支座是由钢板组焊后经加工而成的小结构件。导向轮则由芯轴、轴承、挡盖、滚轮套等组成。滚轮套是两头大中间小的马鞍形零件。为何将导向轮的滚轮套要设计成马鞍形呢？因为钢丝绳在卷筒上转来转去，钢丝绳不是在原位置上伸缩，而是一边伸缩一边位移。左转时，钢丝绳移到卷筒的一端，右转时，它又会移到另一端。对左右移动的钢丝绳进行导向，将它控制在单槽滑轮的槽子里是不行的，所以要用马鞍形导向轮，并排装在一个小支座上。两个马鞍形导向轮并列后，两头大的地方只要不碰到一起，能各自转动不受影响就行，中间小的地方，则形成了一个较大的空间。钢丝绳在这个空间里移来移去怎么也跑不到滚轮的两头去，从而起到了良好的导向作用。小轴的一端横向铣一条小槽，用小卡板将小轴固定在小支座的侧板上，既不移动，也不串动即可。

换向滑轮组（图1-10）由支座、滑轮和轮轴组成。支座是用钢板组焊后经机械加工而成，滑轮与轮轴的配合间隙较大。因为该滑轮只起换向作用，运转速度较慢，不装轴承也能适用。轮轴的一端铣一条小槽，用卡板卡入槽中，且固定在支座侧板上，不转、不串则可。

　非标专机设计制造实用技术

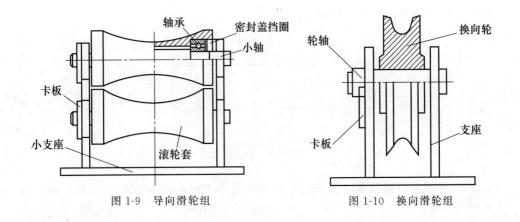

图 1-9　导向滑轮组　　　　　　　　　图 1-10　换向滑轮组

1.1.6　炉体局部结构的改造

（1）**水冷炉门框的改造**　原来的炉门框，只有炉壳外的一个框，未伸入炉内。炉门内两边墙脚与拱弦是直接用砖砌成的，很容易被烧塌，一般每炼 20 多炉钢，就要停炉修炉墙。改造后的水冷炉门框（图 1-11），一部分在炉壳外，一部分伸入炉内。伸入炉内部分代替了原来的墙脚和拱弦，这样使整个炉墙都不容易被烧损，延长了使用寿命。水冷炉门框伸入炉内后，不再发生烧塌拱弦现象。炉墙在冶炼过程中不可避免地慢慢被烧化而减薄，可使用 70～80 炉后停炉对炉墙进行大修。冷却水管从炉门框的左上侧进入，弯至拱弦上部，再横跨至右边中部，再弯至下面。对准拱弦的那段管子，钻三个小孔，让水直接喷在拱弦立板上，效果较好。

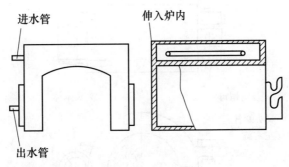

图 1-11　炉门框

（2）**水冷炉盖圈的设计**（图 1-12）　原来的炉盖圈就像用槽钢卷成的槽形圆圈，槽内用下宽上窄的异形砖砌一圈。采用通水冷却的炉盖圈，一个进水管，一个出水管，中间用钢板隔开，进去的水必须绕一周，才能从出水管出来。将炉盖圈向内的槽用钢板卷成的圆锥圈封死，内部再通水冷却进行改造后，炉盖的使用寿命又提高了三倍，还节约了耐火材料。

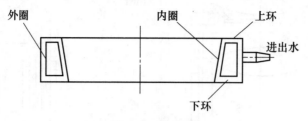

图 1-12　炉盖圈

（3）**电极夹持器改造**　原来的电极夹头是一个整体的带内冷水管的铸铜件加工而成的。夹头的前三分之一的部位，冷却管裸露在外。夹头加工时，内孔孔径比电极外径略大一些，当电极放入夹头高低适当时，在电极外径与夹头裸露的水管所形成的空位之间，用一块下小上大的楔形斜铁塞住，并用大锤向下敲打，电极则被夹紧。然而这种方法存在几个缺点：一是电极外径与夹头内孔孔径大小不一致，肯定其接触面积减小；二是锤击将在电极夹紧状况时震动，斜铁容易挤压水管导致损伤而漏水。改造后的电极夹持器（图 1-13）夹头本体做成两半部分，后边用铰链式的支耳和销轴连接起来，前面用支耳形成凹槽，两边的槽内各有一件合页螺母，两个螺母之间用双头左、右旋螺杆连接。拧动这个螺杆，可以让两半本体张开或夹紧。冷却水管做成半圆弧的蛇形管，铸在两半本体之中，可以分两半通水冷却。改造后的夹头使用起来非常方便，使用寿命比原来的夹头提高二到三倍。

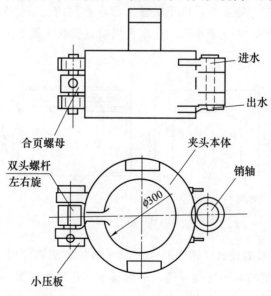

图 1-13　电极夹持器

两台炼钢电炉经上述技术改造之后，每炉装料时间由原来的一个半小时左右缩短成几分钟，并大大地减轻了操作者劳动强度。炉门框、炉盖圈、电极夹头等炉子部分改造，分别提高了炉子的使用寿命，每月可减少两次以上的大修炉墙和换炉盖的停歇时间，又节约大量的修炉、修炉盖的耐火材料。

1.2　机械化造型系统

造型，也叫翻砂。型砂是铸钢造型最主要的原材料，型砂的纯净性、耐火度、透气性、强度、黏度等都有相应的要求。造型可分为手工造型和机械化造型，两类造型具有一定的互补性。手工造型离不了机械的作用，钢水熔炼、型砂的混碾等工序都需要机械操作。机械造型，如修型、下芯、开气孔、放置浇冒口等，都需要手工操作。如果碰上大型复杂的工件，没有那么大的造型机械设备，只能主要依靠手工操作来完成。本节主要讲述新砂供应系统、机械化混砂系统、机械化造型系统、落砂系统、旧砂回收及废砂处理系统等生产线设计。

1.2.1　新砂供应系统机械化生产线的设计

新砂供应系统（图 1-14）由两条皮带运输机，一台滚筒式新砂干燥炉，四个小漏砂斗，一台圆盘给料机，一套卷扬机，一套爬坡组合架及蛙式翻斗车，四个新砂储存斗和定量器等专用非标设备所组成。新砂在砂库内过筛后，由一条短距离皮带运输机将砂运到滚筒式新砂干燥炉入口上部的漏砂斗 1，慢慢流入干燥炉内。随着干燥炉的滚动，一边加热，一边流向干燥炉出口移动。出来干燥的砂子又流入一个小漏砂斗 2。漏砂斗 2 安装在地坑上部，其下面安装了一台圆盘给料机。圆盘给料机的圆盘受机械传动，可作水平旋转。圆盘上的砂子，在刮砂板的导向作用下，再流入蛙式翻斗车。这个车由卷扬机的钢丝绳牵引，爬上倾斜的组合架，到限定位置即自动翻跟斗，将满斗砂子倒入漏砂斗 3。漏砂斗 3 下面安装了一台平卧的皮带运输机。这条运输机有四个部位安装了刮砂板。每个刮砂板可以转换方向。它向左摆放，可将运输机上的砂子刮入左边的新砂储存斗，它向右摆放，可将回收的旧砂刮入右边的旧砂储存斗。新砂、旧砂分斗储存，可随时分类取用。下面将该生产线的几台主要专用设备简略讲解。

（1）滚筒式新砂干燥炉　它主要由底座、传动机构、支承滚轮、滚筒主体等组

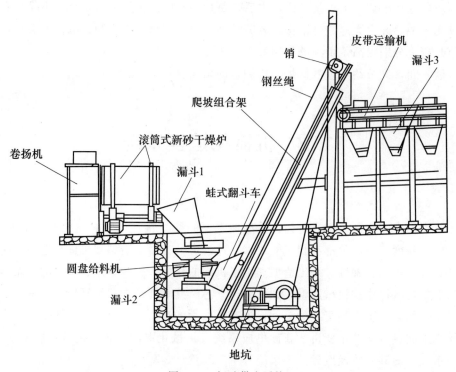

图 1-14　新砂供应系统

成。底座用槽钢纵、横向搭配组焊而成的矩形框架，上面铺一层钢板，具有足够的刚性和强度。底座的一侧是用来安装传动机构的。传动机构由电动机、小齿轮、大齿轮、齿轮安全罩、传动轴、轴承座、轴承、轴承盖、主动支承滚轮和被动支承滚轮组成。小齿轮装在电动机轴上，大齿轮装在传动轴的一端。齿轮的传动速比为 1∶3。传动轴上装了两套支承滚轮，包括两套轴承座、两套轴承和轴承盖。还有两套被动支承滚轮、两套轴承座，轴承和轴承盖装在底座上平面与主动滚轮位置对称相适应的地方。四个支承滚轮将大滚筒架起。当电动机启动时，小齿轮带动大齿轮，同时也带动了传动轴，使两个主动滚轮转动，大滚筒也就随着转动了。滚筒主体如图 1-15 所示，它的外壳是圆柱形，用 8mm 厚的钢板制成。在外圆的适应位置加了两圈由 50mm 的方钢制成的环形滚道加强箍。圆筒内又设计了一个略有锥度的不锈钢板的锥筒。锥筒与外圆筒之间有一定的间隙。其小端先与进砂口的端板焊牢，接着用保温材料、硅酸铝或石棉粉将间隙填满，再将出砂口的端板焊上去。滚筒最里面还有一个用 4mm 厚的棱形钢板网做成的锥形筒，两端与大滚筒进出口两端的端板点焊固定即可。这个钢板网锥筒阻止湿砂在滚筒内壁的堆积。每当滚筒转动时，砂子先经过网格才能跌落到滚筒内壁的另一处。喷火管从出口端插入内炉膛，不能与炉体任何部位有碰撞，将管端头堵死，管的一边钻几个小孔，让火苗对着炉壁喷烤。

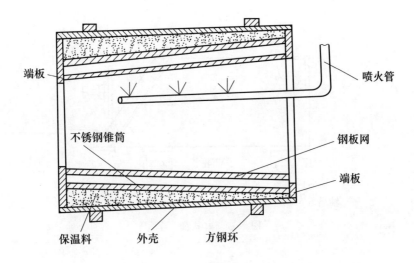

图 1-15 滚筒主体

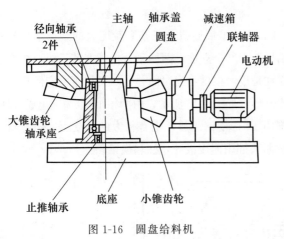

图 1-16 圆盘给料机

(2) 圆盘给料机(图 1-16) 它主要由底座、立式轴承座、平面止推轴承、径向轴承、主轴、密封盖、圆盘电动机、减速箱、联轴器、小圆锥齿轮、大圆锥齿轮等组成。底座是由槽钢组焊而成的结构件，上面铺一层钢板，底座中心安装立式轴承座。该轴承座内，下部装一套止推轴承和一套径向轴承，上部装一套径向轴承，主轴立装在三套轴承之中。轴承座上平面由轴承盖密封，主轴最上段装圆盘，圆盘下面装圆锥齿轮圈。电动机装在底座的上平面上，通过联轴器与减速箱高速轴连接。被动慢速轴上装小锥齿轮，小锥齿轮与大锥齿圈啮合，经减速箱两对齿轮减速后可带动圆盘缓缓旋转。当需要往蛙式翻斗车中装砂时，开动圆盘给料机即可，当翻斗车装满，就停下来。

(3) 蛙式翻斗车(图 1-17) 它由车主体、轮轴、车轮、轴承座、轴承、轴承盖等组成。车主体是用 5mm 厚的钢板组焊而成，前部两侧各有一个销子和销座。其中销子的头部有挡盘，用来挡住钢丝绳扣不脱落。

(4) 卷扬机 可参考钢水过跨车中的电动卷扬机（图 1-8），但本卷扬机牵引力只需要 2t 就足够了，所以减速箱型号、卷筒及各部件的尺寸规格都需要作相应的缩小。

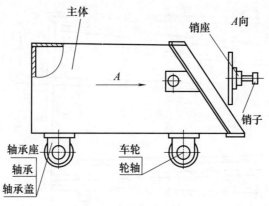

图 1-17　蛙式翻斗车

1.2.2　机械化混砂系统的设计

机械化混砂系统（图 1-18）由 4 台 112 型混砂机、一整套较庞大的金属结构架和两条送砂皮带运输机等组成。金属结构架由八个立柱、两层平台，还有若干纵、横合理分布的横梁和斜撑的拉筋等组成。立柱是用两根槽钢面对面并立，又相距一定距离，再用若干小连接板将两根槽钢连成整体方形，如图 1-19 所示，由两根 16 号槽钢组成方柱，具有相当大的支承力。纵、横的梁都用 14 号槽钢侧放，也有较大的承受力。所有斜筋由 6.3cm 的角钢背对背使用，角钢的两头都用连接板与立柱和横梁相连。

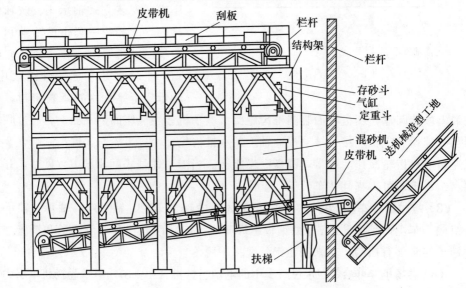

图 1-18　机械化混砂系统

第一层平台距地面高度1.8m。用钢板做成的扶梯置于平台的一端，供操作者随时上、下扶梯用。第一层平台，除安装混砂机的地方留出圆空位之外，其余全部铺满钢板。平台上可放置各种配砂用的原料，如装载纸浆、糖浆、桐油、水玻璃的槽子或桶等。当砂子在混砂机中混碾到一定程度后取砂样，放入专用模子中夯实后，在型砂试验室对砂样、砂块进行黏度试验、透气性和强度测试等。若已达到要求，就可出砂，若达不到要求，需要进行碾砂工艺调整。四台混砂机安装在高脚基础上，高脚基础旁边安装一台皮带运输机。混砂机的出砂口都位于皮带机上侧，出砂口下有漏砂斗，落出来的正好落在皮带机上，即可运送到造型工地。

第二层平台距地面高度5.5m。靠后立柱的一端旁有爬梯，操作者可从第一层上第二层。出于安全考虑，二层平台四周设计有栏杆。中间一条皮带运输机，运输机的下面，一边是四个新砂储存斗，一边是四个旧砂储存斗。每个储存斗可存放$3m^3$的型砂。每个储存斗的下部都设计安装了一个定量器（图1-20），定量器两侧有小挂轴，被挂在储砂斗下面，由一个气缸来控制它的动作。当气缸向下推时，定量器内$0.2m^3$型砂就倾入混砂机内；当气缸向上提时，定量器的出砂口则缩进储砂斗内，储砂斗内的型砂自然而然地进入定量器内；气缸再向下推一次，又放出$0.2m^3$型砂。如此往返实现定量供应，并可以根据新砂或旧砂的需要进行定量。

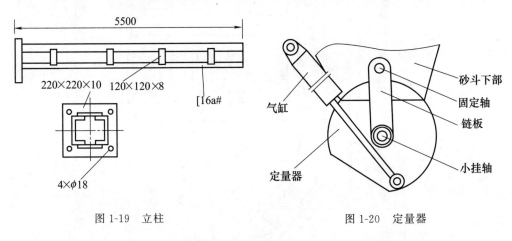

图1-19 立柱　　　　　　　　　　　图1-20 定量器

1.2.3 机械化造型生产线的设计

机械化造型生产线（图1-21）由四台254型造型机、两台234型造型机、一套长金属结构架和平台、两条皮带运输机、一台松砂机、八个存砂斗、四个气动单钩吊、四条滚道输送链等组成。六台造型机和一台松砂机可以采用国内生产的标准铸造设备，其余采用非标设计设备。

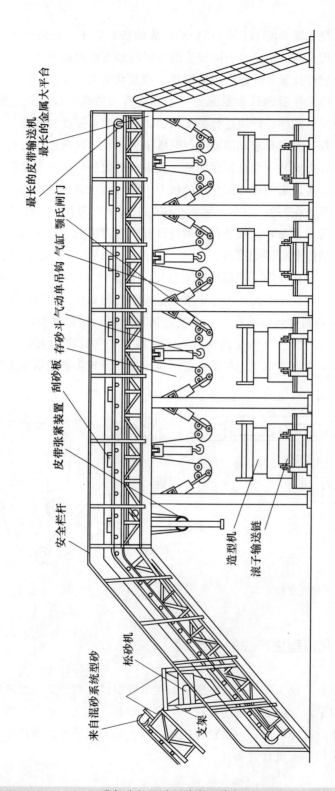

图 1-21　机械化造型生产线

最长的皮带输送机
最长的金属大平台
颚氏闸门
气缸
气动单吊钩
存砂斗
刮砂板
皮带张紧装置
安全栏杆
造型机
滚子输送链
松砂机
支架
来自混砂系统型砂

（1）**长金属结构架和平台**　该金属结构架总长度有 50m，一段有斜度，从地面到 4m 多高的高度后，再平行于工房中间立柱旁边。主结构由槽钢立柱、槽钢纵、横梁、角钢斜撑和拉筋等组成。倾斜段和平行段的平面全部铺上钢板。倾斜段为防滑用的花纹钢板，平行段用平钢板，其厚度均为 4mm。倾斜段和平行段上面都安装皮带运输机。倾斜段中部安装一台松砂机。自混砂系统送入的型砂，包括新砂、旧砂两种，都先经过松砂机处理后自由散落在长的皮带运输机上。平行段的结构架下面，安装 8 个存砂斗，4 个存新砂，4 个存旧砂。每个砂斗的下部由颚氏闸门（图 1-22）控制砂的供给。四台造型机安装在存砂斗下面，每台造型机上面和每两个存砂斗中间安装一根小工字梁和支架。工字梁用来挂一套小滑车，滑车下是气动单钩吊，它先将空的砂箱和模板吊给造型机，然后将造好的砂型又吊下来，放在滚道输送链上。如此不断地往返运作，每天可完成数十箱造好的砂型。每两台造型机相互配套作业，一台专造下箱的型腔，一台专造同一个产品上箱的型腔。上下箱合起来就是一箱完整的外砂型。将这箱外砂型吊到地面上，进行修型，下芯安放冒口和浇口，就可进行浇铸了。两台造型机配套作业，可减少多次更换模型的麻烦。

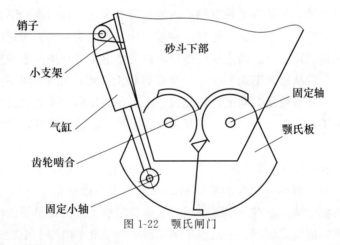

图 1-22　颚氏闸门

（2）**皮带运输机**　皮带运输机的总长度达 50m，近 10m 的一段安装在倾斜的金属结构架上，其余 40m 安装在平行的结构架上。皮带运输机的任务是给 4 台造型机运送型砂，所以在 8 个存砂斗的上面都安装有刮砂板。砂斗上面的刮砂板落下不同的砂可以根据新砂或者旧砂的需要进行，哪里需要就落下那个刮板，其余的刮砂板都抬起来，给砂子让出通道。该皮带机太长，所用的运输橡胶带有一百多米长。橡胶带长期运行中受拉力会自然延伸而增长，所以在中途专门设计了皮带张紧装置（图 1-23）。其他的运输机则可以在尾部被动轮两端进行调整。

皮带张紧装置是用立起来的两根槽钢作导向槽，槽中安装导向块，两头的导向

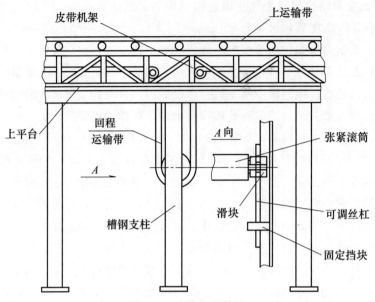

图 1-23　皮带张紧装置

块架住一根滚轮轴。滚轮轴上装有轴承、轴承盖和滚轮。导向块的下面一定距离安装固定了一个挡块。一根较长的螺杆，穿过挡块与导向块相连。当螺杆旋转时，可将导向块向下拉或往上推。两边同时推拉，则可使滚轮平行地向上或向下移动。皮带运输机的橡胶带从机架下返回时，行至张紧轮上部时，在换向小滚轮的作用下，运输带向下，绕张紧轮后又向上，再经过一个小导向轮后，才能继续回到皮带机的尾部。当运输胶带需要放松时，可将张紧轮往上推；需要拉紧时，就将张紧轮向下拉，随意调整。

（3）气动单钩吊及支架（图1-24）　本套设备包括一个简易的支架、一套小滑车、一个空气换向阀和一个气动单钩吊。支架是由两根槽钢立柱、一根工字钢横梁，组成了门框形架。还有一根工字钢，一端与门框上面的横梁焊接，另一端与大金属结构架下的槽钢梁焊牢。在这根工字梁槽中的小滑车由四个小轮子、轮轴、轴承、夹板、紧固螺栓、螺母、横轴等零件组成。气动单钩吊，实际上就是一个完整的气缸，它由气缸套上端盖、皮碗活塞、出轴、下端盖等零件组成。上端盖上有吊环，可挂在滑车的横轴上。出轴下端装一件可拆卸的吊钩。压缩空气管经过换向阀后，再与气缸两头的气室连通。当空气进入下气室时，推动活塞上升，出轴下的吊钩就能吊起数十至数百千克的重物，如砂箱等。当空气换向进入上气室时，重物即随之下落。

（4）滚筒输送链（图1-25）　由一套座架和若干滚筒组成。座架是用角钢、钢板组的结构件。最上面两边的两根角钢，一根钻了若干圆孔，一根铣出若干凹

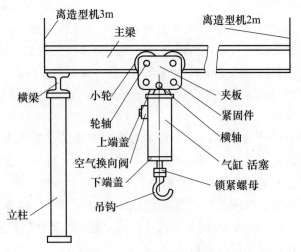

图 1-24　气动单钩吊及支架

槽。钻孔和铣槽的尺寸与滚筒轴的大小配用，孔和槽的数量按该输送链所需滚筒数而定，正好将所需滚筒全都排装在上面。滚筒是由滚筒套、滚筒轴、轴承、密封盖、卡环等零件组成。这套输送链制造组装完后，放在每台造型机旁。从造型机上卸下来半箱砂型，由该滚道输送出来，再用桥式起重机吊下来，与另一台造型机上卸下来的半箱型腔，配套成整箱即可。

注意，每根滚筒轴的一头钻一个小孔，待排装好后，每 3 个滚筒轴用一根铁丝穿入孔中将其捆扎串联起来，防止小轴的自身转动或串动。

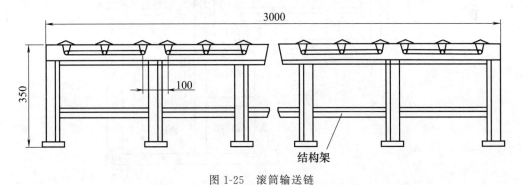

图 1-25　滚筒输送链

1.2.4　型芯干燥炉的设计

造型芯是铸件造型一个重要环节。内部结构复杂的铸件必须靠型芯，有的需要四至五个型芯，有的需要七至八个型芯。特大型、特复杂的铸件，甚至需要 20 多个型芯，才能将铸件的内腔各种形状组合表达出来。从芯盒里刚脱出来的型芯，不能马上使用。因为它还是湿的，强度很不够，搬动时容易散烂，即使放到型腔中去，浇入的钢水也会将它冲坏，所以必须在型芯的外表先喷上一层涂料，接着将这个型芯连同金属芯板一起放上金属结构架上一层一层摆好，再将这个结构架吊放在一个活动车上。然后，连车一起牵入型芯干燥炉内，进行加热烘烤。干燥好之后，才能出炉冷却、使用。

型芯干燥炉的设计与施工，首先要考虑型芯干燥的工艺要求。型芯干燥过程中，必须注意两点：一是温度不能太高。温度过高，会将型芯表面的涂料烧焦变质，不但不能增大型芯表面强度，反而变脆，同时也会将型芯中的黏结剂烧损。二是干燥时间不能太短。时间过短，型芯干不透，内部仍然潮湿，影响铸件质量。一般要求在200℃以下，烘烤6h即可。此外，由于烟煤容易燃烧且火力大小好控制，设计干燥炉可选用优质烟煤作燃料。

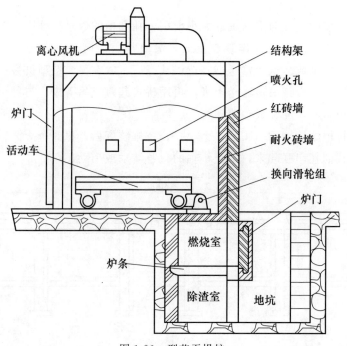

图1-26　型芯干燥炉

双室型芯干燥炉（图1-26）用金属结构架做外框。外框的立柱，纵、横向的梁用槽钢拉住，先将立柱与横梁焊牢，再在各转角处加一块三角钢板以加强连接力度。框架内先砌一层红砖外墙，然后用耐火砖砌内墙。左、右侧及中间隔墙均留用于制造烟火通道的夹缝。前面和后墙不留缝隙。缝隙至炉膛须留出若干小喷火孔。前面是两道双开的金属门。金属门制成夹层，夹层中填满保温材料、石棉粉或硅酸铝。双室的炉底各铺两根钢轨。两根钢轨中间的里端设一套转向滑轮组，一根钢丝绳经过转向滑轮，一头与车体下部内端拴牢，另一头从车体下面的空间直接拉至门外，并做好绳扣。另一根钢丝绳一头做绳扣，一头与车体下部外端拴牢。炉底下面的后半部是燃烧室。燃烧室下面铺设了八根炉条，上面用耐火砖砌成拱弦，拱弦的两侧留有烟火通道，直通侧墙和中间墙夹缝。燃烧室四周均砌耐火砖，前面留出炉门框。门框外是铸造的有支耳的炉门，可以开闭。炉条下是除渣室，炉体的后面是一个地坑，操作者下到地坑里才能加煤除渣。用热电偶监控炉内温度变化情况。

离心通风机安装在炉顶上部靠近工房墙壁的位置，其进风管与两边的炉膛上部靠后的排烟罩接通。离心机的出风管，接出工房墙外，排入高空。

1.2.5　落砂系统的设计

造好的砂型，浇注完钢水之后，冷却到一定程度，约 2h，就要将每箱砂型里的砂子打落下来，才能取出铸件毛坯，俗称落砂。手工落砂就是用铁锤将吊起离开地面的砂箱进行锤打，把砂箱里的砂子打松，再用铁锤打砂箱的吊轴或边框，让砂子落到地面上，然后再用铁锹将废砂铲到皮带运输机上，运出工房外面。手工落砂劳动强度大，工作效率，因此目前大部分企业采用落砂系统，如图 1-27 所示。

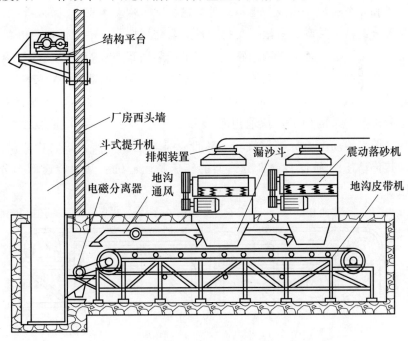

图 1-27　落砂系统

落砂系统主要由震动落砂机、地沟皮带运输机、电磁分离器和斗式提升机等组成。

(1) 震动落砂机 震动落砂机主要由电动机、皮带轮、安全罩、偏心传动轴、轴承座、轴承、轴承盖、震动台、弹簧座、弹簧、金属框架、漏砂斗等零部件组成。电动机选用防爆鼠笼型电动机，同步转速为 750r/min，功率为 7.5kW，皮带轮传动速比为 1：3。小皮带轮直径为 150mm，装在电动机轴上，大皮带轮直径为 450mm，装在偏心传动轴端头。偏心传动轴由装在框架上的轴承座、轴承、轴承盖支承组成。弹簧座和弹簧也装在这个框架的四周及上面。震动台下的框架、轴承座和弹簧座是固定不动的。轴承座中的轴承所支承的是一件偏心轴，震动台受这件偏心轴的驱动，必然产生左、右摇摆和上、下跳动。震动台由弹簧托起，当偏心轴转动时，其偏心向下，则给予周边的弹簧一个相当大的压力，弹簧就向下压缩，偏心向上时，弹簧伸到原位。如此不断地压缩和复位，使震动台产生极大的震动。在震动过程中，砂箱里的型砂很快就松散下落，经漏斗口落至安装在地沟里的皮带运输机上，被运往地沟的另一端。在地沟的另一端，那里安装了一套电磁分离器和漏斗，漏斗旁是一台封闭式的提升机。

(2) 地沟皮带运输机 地沟皮带运输机（图 1-28）由机架、鼓形主动轮、鼓形被动轮、轴承座、轴承、轴承盖、电动机、V 带轮 Ⅰ、V 带轮 Ⅱ、V 带轮 Ⅲ、若干短滚子和几个长滚子组成。地沟皮带运输机除了带动本皮带机的运转之外，还要带动电磁分离器的转动。短滚子每排三件成马鞍形摆放，中间低，两边高，托起运砂皮带，砂子不会向运输带两边跑。长滚子托起回程空皮带，使之顺利返回。V 带轮 Ⅰ、Ⅱ 是用来传动鼓形主动轮的。V 带轮 Ⅰ 装在电动机轴上，V 带轮 Ⅱ 装在鼓形主动轮轴的一端，用 V 带传动，即可使主动轮旋转，整个运输带都运动起来，即可将落砂机落下来的砂子，从地沟的一头运至另一头。V 带轮 Ⅲ 装在主动轮轴的另一端，用来传动电磁分离器旋转。V 带轮 Ⅲ 与电磁分离器滚轮中心轴上装的皮带轮，其传动速比为 1：2，即分离器的转速是运输机主动轮转速的二分之一，慢速适用。

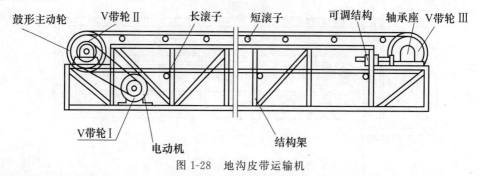

图 1-28　地沟皮带运输机

（3）电磁分离器　电磁分离器（图1-29）由电磁滚筒、金属结构架、轴承座、轴承、轴承盖、滚筒套、滚筒轴、电源铜环、抱箍、绝缘套、电磁环、绝缘环、小漏斗等零部件组成。金属结构架是电磁分离器的主体结构。轴承座装在结构框架上平面的两端，滚筒轴上的两套轴承，置于轴承座内，再以轴承盖密封。滚筒轴中段装有四个电磁环和五个绝缘环。这几个电磁环和绝缘环共同组成滚筒外壳。滚筒轴的一端装一个 V 带轮。此皮带轮与地沟皮带机主动轴端的皮带轮Ⅲ，通过 V 带组成了传动链。只要地沟皮带运输机一启动，电磁滚筒也就随之转动了。滚筒轴的另一端，靠近轴承座内的一段，先装一个绝缘套，绝缘套外再装一个铜环。铜环外一段装绝缘抱箍，抱箍座与结构架固定。抱箍与铜环都不转动。铜环的裸露一段，供碳刷滑动。碳刷尾部的电线与滚筒中段的电磁环串联，将外来电源与电磁环接通。合上电闸后铜环和电磁环有电。滚筒转动时，电磁环照样有电。在电磁环的磁力作用下，将从滚筒附近落下来的砂中的金属块、铁钉、冷铁、芯铁等全部吸住在电磁环上。大量的砂子则进入斗式提升机运走。当拉下电闸时电磁环无电，被吸住的金属物瞬间跌落漏斗下面的盘中，将盘拖出取走即可。这些分离出来的冷铁、芯铁、铁钉，经处理后，大部分可回收继续使用。

（4）斗式提升机　斗式提升机（图1-30）是用来专门自下至上输送细颗粒物质的。如各种类别的砂子、碎块、矿渣、谷物等。它的特点就是将这些物质能够直上、直下送到数米至数十米的高处，不需其他更复杂的设备。在铸造车间的废砂处理系统中，废砂需从 2m 多深的地沟里送至室外十多米高的废砂储存斗上面去，因此选用斗式提升机是最理想

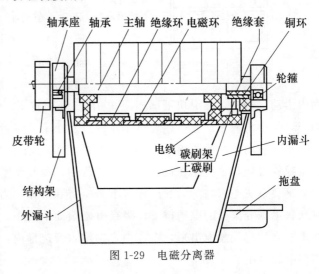

图1-29　电磁分离器

的。斗式提升机的结构原理和特征是：头部在上，一套传动装置，驱动主动滚轮运转；尾部在下，装一套被动滚轮。主动与被动滚轮之间相隔数米至数十米的距离。用拉力最好的多层夹布橡胶带将主、被动轮连接起来。在橡胶带上，每隔 350～400mm 装上一个小斗，直至将往返橡胶带的有效全长都装满为止。再配上全封闭式的外壳，对上下滚轮、运输带、小斗等全部结构件进行封闭保护。外壳的下部留一个敞开的方口让所运物质经方口流入小斗。当开启传动装置时，上滚轮旋转，拉

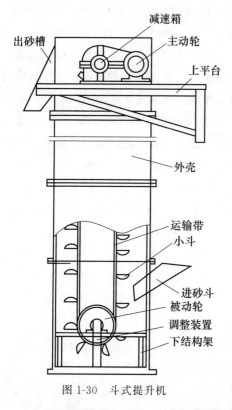

图1-30 斗式提升机

动橡胶带及小斗徐徐上升，升至顶部即返回。在返回过程中，小斗斗口向下，斗中的物质倒入旁侧的漏斗槽。空斗继续向下，下至最低处，绕被动轮后又向上行走，又流入所运物质。如此不断流入，不断倒出，则达到了向高处运输的目的。

斗式提升机的传动装置由电动机、制动轮、制动器、联轴器、卧式齿轮减速箱组成。一套主动轮装置由主动轮轴、轴承座、轴承、轴承盖、滚轮外壳等零部件组成。主动轮轴与减速箱出轴之间，用联轴器连接。两套轴承座安装在金属平台上。装在轴承座内的两套轴承，支承主动轴和滚轮。这些传动装置和主动轮装置，共同组成提升机的头部。斗式提升机的尾部在最下一节外壳的内部，安装在一个简易金属结构架上。被动轮装置包括被动轮、轮轴、轴承、轴承座、轴承盖。被动轮轴的两头是一个滑块，可在简易结构架的小槽

钢内滑动。另外，在滑块下部相距300mm处固定了一个小挡块，用一根螺杆穿过挡块，与小滑块相连。可以通过采用螺杆对小滑块进行调整。当两端小滑块向上调时，主、被动轮的距离缩近一些，运输橡胶带就松一些。当两端小滑块向下调时，运输橡胶带就紧一些。在提升机使用过程中，视其松紧状况，随时调整即可。

落砂系统地沟在1～2h内，应下去检查和操作。当皮带机暂停输砂时，需抓紧时间将电磁分离器的电闸拉下，吸在电磁滚筒上的小金属块、铁钉等，就迅速落入拖盘。立即将拖盘拖出来，将盘中之物倒入旁边桶内，又将拖盘放回原地，再将分离器电源合闸。

1.2.6 旧砂回收加废砂处理系统的设计

旧砂回收加废砂处理系统的设计与施工工程量较大，在国内无标准设备可选用。此外，因为各厂回收旧砂和处理废砂的生产环境、生产规模、地理条件、运输状况都不同，所以这方面的参考资料和实例也没有。本设计方案中，包括一套废砂大储存斗、一套非标风力送砂专用装置、一台震动筛砂机、一套旋风除尘器和一套

回收旧砂大储存斗等（图1-31）。

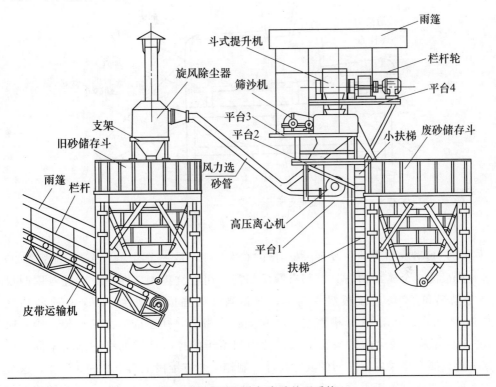

图 1-31　旧砂回收加废砂处理系统

（1）震动筛砂机　震动筛砂机（图1-32）由金属支架、传动平台上的传动机构、震动筛、下出砂漏斗、端头出砂漏斗、上部护罩及接砂漏斗等零部件组成。传动机构包括电动机、减速箱、联轴器Ⅰ和Ⅱ、偏心传动轴、轴承、轴承盖、连杆、摇杆、筛网等。电动机与减速箱之间由联轴器Ⅰ连接，减速箱与偏心传动轴由联轴器Ⅱ连接。偏心轴两头由轴承座和轴承来支承，由轴承盖密封。偏心轴中段安装了两件连杆，与筛网框架相连。筛网框由四个小摇杆支承。当电动机启动后，筛网就产生摇摆和震动过筛。筛子上面的粗砂、碎块、杂物，经端部漏斗进入废砂大储存斗待处理。

震动筛砂机安装在靠近斗式提升机和废砂大储存斗附近的较高金属结构平台上。斗式提升机从地沟里提上来的砂子，从漏斗口直接进入筛砂机内。筛出不需要的废砂，又可直接进入废砂大储存斗。筛后可回收的旧砂，流入风力送砂管道，在高压离心风机的风力作用下，被送至旧砂大储存斗上面的旋风除尘器中。高压风吹着砂子进入旋风除尘器后，由于该除尘器腹部空间突然增大，贴着腹部内壁进入的旧砂产生急流旋涡。当高压风力骤降，风中的砂子迅速下落至旧砂大储存斗中，而砂中微尘则被吹出除尘器上部的管道。

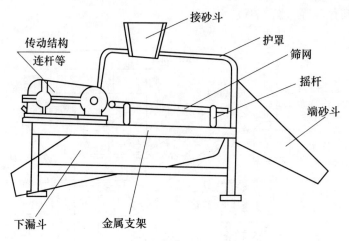

图 1-32　震动筛砂机

（2）**废砂大储存斗**　废砂大储存斗（图 1-31）是一个有 9m 多高、能容纳 90 多吨废砂的全金属结构，其下部有颚氏闸门，用气缸控制。四个大立柱各用两根 20 号槽钢和 14 块连接板组焊而成，有相当好的强度和刚性。四个立柱各相隔 4.5m 距离，首先用 16 号槽钢在中间和上面将四个立柱连成四方结构架，然后用 100 的角钢从中横梁的两头至上横梁的中间给予斜撑，这样的结构结实牢固。后来，再按照上横梁内方空间的实际尺寸，制作一个方锥棱上大下小的大砂斗，这个砂斗的周边正好置于上横梁的上平面，与上平面焊牢。这个大锥棱方斗的四块大钢板厚度为 8mm，钢板的内侧平面光滑，在外侧平面上的纵横方向都增加了加强筋板，使强度比原钢板强度大大提高。在这个方锥大砂斗的上面，又制作了四块长 4.5m、宽 1.5m 的大钢板，侧立与方锥棱斗连接。这四块侧立钢板的外侧平面也增加了若干加强筋板。这样，上、下两段连成了一个上正方、下锥方的整体大砂斗。锥方斗下部装一个颚氏闸门，由气缸控制开合来决定放砂与否。当斗内废砂快要满时，可通过火车皮将其运走。这些在铸造方面被淘汰的废砂，是建筑工地配制黑水泥砂浆不需染色的良好原料。

（3）**风力送砂设备**　风力送砂设备（图 1-31）由进砂管、高压离心机、出砂管、金属结构架、旋风除尘器等设备组成。进砂管的进砂口与筛砂机的下漏斗敞开式连接，进砂管的出砂口与离心机旁的出砂管封闭式连接。离心机安装在筛砂机下面的小平台上，便于同步操作。离心机的出风口，与出砂管下部的小叉管连接。高压风可直接进入出砂管，对出砂管形成高压吹送力，而对进砂管则产生强力虹吸现象。因此能将进砂管来的砂子非常顺利地吹到旧砂储存斗上面的旋风除尘器中，从而进入旧砂大储存斗。在风力送砂的同时，除去了砂中黏土粉、涂料烧结渣等极细的微尘。在高压离心机小平台旁边设计制作了长扶梯；便于操作者随时上下。

（4）旧砂大储存斗 旧砂大储存斗（图 1-31）与废砂大储存斗具有相同的结构特征，制作与施工方法完全相同，同样可储存 90t 左右的旧砂，其下部有颚氏闸门，用气缸控制。当混砂系统需要补充旧砂时，开动两条皮带运输机，将颚氏闸门打开，旧砂又可重新利用。

此外，每当落砂机工作前，必须先开动地沟皮带机、电磁分离器、提升机、筛砂机、风力送砂设备，否则砂子无法通行。

1.3 铸件毛坯的清理及热处理主要设备的设计

1.3.1 铸件毛坯的清理

铸件毛坯的清理主要包括以下步骤。

第一步：将落砂后的铸件毛坯，用铸件过跨车，将毛坯运送到清理工房。

第二步：用氧割法切除毛坯的浇、冒口和浇道等部分。

第三步：按毛坯品种，每种抽检 2～3 件，进行划线测量，检查它的尺寸是否合格。首先检查它的几何形状，观察其各几何要素是否相符，接着划线测量各几何要素的坐标位置及尺寸。各部位形状、坐标尺寸相符，又能保证加工的需求，即为初步抽检合格。对那些检查出来的形状、坐标尺寸不符，不能保证加工需求的，且无法补救，则视为废品，不再进行后期工序。

第四步：对那些存在一些瑕疵的毛坯，若能进行修补，则放入返修品之列。如某件某处有凹陷、气孔、砂眼等，则对那些部位先进行铲挖或打磨，去掉表面残渣、飞边、毛刺，露出良好的金属结构。在此基础上进行焊补，弥补不足之处，保证能达到加工要求即可。

第五步：对所有铸件毛坯外表进行喷丸或抛丸处理。

第六步：对铸件进行退火或正火热处理，改善其机械加工性能；

第七步：对铸件外表刷防锈漆保护，便于长期存放。

为达上述目的，现设计一些主要的专用设备。

1.3.2 铸件过跨车的设计

铸件过跨车与前面的钢水过跨车在设计和制造方面不同，因为运送铸件过跨时不怕震动，不要求很平稳，载重量也没有严格要求。此外，由于铸件长短不一和大小不等，可用料斗、桶装或直接堆在平板车上。铸件过跨车（图 1-33）由金属结构的车体上铺钢板和装在车体下面的电动机、联轴器Ⅰ、蜗轮箱箱体、蜗杆、蜗轮、轴承、轴承盖、联轴器Ⅱ、车轮轴、车轮、轴承座、轴承、轴承盖等零部件组成。该铸件过跨车的电动机选用功率 2.2kW，传动速度为 720r/min，蜗轮蜗杆传动速比为 42∶1，车轮直径为 300mm。经计算，该车每分钟运行 17m 多，过跨运输距离为 20m，一分多钟走完全程。

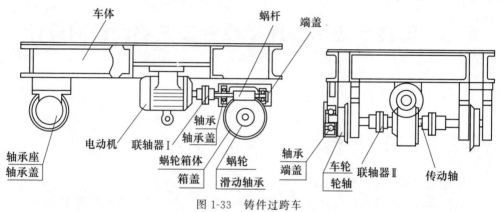

图 1-33　铸件过跨车

1.3.3　喷丸系统的设计

喷丸，就是利用压缩空气的压力，将铁丸喷打在铸件表面，使铸件内外表面光滑整洁。尤其非加工的表面，经过喷丸处理之后，不需进行任何机械加工，就可达到装在主机上的要求。装机后统一涂刷腻子粉和喷漆是不可或缺的。喷丸需要在专用的喷丸室内进行，否则铁丸打到铸件表面之后，四处飞射，不但操作者受伤害，铁丸又无法回收利用。设计专用喷丸室要考虑以下因素：

① 确保操作者的安全和不受伤害；

② 铁丸可回收不断循环使用；

③ 铸件进出喷丸室要方便顺当；

④ 铸件的外表面和内表面在不需用手来回翻动的情况下都能喷得到；

⑤ 要避免铁丸乱飞射时损伤设备，且不产生大的噪声；

⑥ 要将喷丸时产生的烟尘排出室外高空。

设计全金属结构的喷丸系统如图 1-34 所示。喷丸室有两扇活门，将门打开可让铸件出入。关门后，室内外全封闭隔绝。要喷丸的铸件关在室内，操作者在门外两只手从门上的两个孔中伸进去，戴好皮手套操作喷丸胶管及喷嘴，不受任何伤

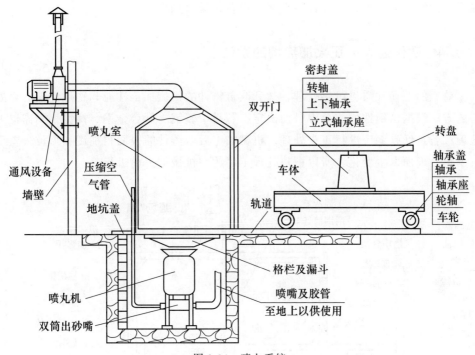

图 1-34 喷丸系统

害。喷丸室的下面制作了一个接丸漏斗，接丸漏斗的上方口与喷丸室下方大小相同，所有喷出来的铁丸都进入漏斗，往下流进喷丸机上的接砂盘，再进入喷丸机的腹部，储存待用。喷丸机安装在地坑里，上部接砂，中部存砂处是一个坚实的圆桶，下段逐步缩小成锥筒，再下段就是双管出砂嘴。出砂嘴的后端与压缩空气管道接通，其前端接上夹布橡胶管，胶管上端是喷丸嘴，从地坑下部经地孔直通喷丸室内。操作者打开空气控制阀，铁丸即喷射，开始工作。喷丸机下有双筒出砂嘴，如接两根胶管及喷嘴至地面上来，可供两人同时操作。若不需两人操作，另一个出砂嘴不接风管即可。对准喷丸室门，从外向里铺设两根钢轨，设计一个转盘车，在钢轨上运作将待喷丸件运进去，喷好后再运出来。转盘车的结构是由车体，车体下面的车轮、轮轴、轴承座、轴承和密封盖，车体上平面中心位置的立式轴承座、轴承、立轴、密封盖和转盘等零部件组成。由于此车出入的距离较短，只有几米，不需电动，手推即可。待喷铸件放上转盘时，要看铸件的结构形状而确定摆放方法。凡有内腔表面的铸件要侧放，不能将内腔向下而扣在转盘上。喷丸过程中，需要转盘转动时，喷嘴向左对工件定位发力，旋转方向即向左；反之，向右对工件定位发力，旋转方向即向右。喷丸室门上有透明窗口，喷丸室的上部有防爆探照灯，便于观察喷丸室内一切状况。喷丸室的四壁，都铺设橡胶板，既保护设备不伤损，又消除强烈的噪声。此外，需设计一套通风设备，排放烟尘。

1.3.4 铸件退火或正火加热炉的设计

铸钢的毛坯件需进行热处理，达到改善铸件的机械加工性能和物理性能。热处理的方法根据铸钢件的成分牌号而决定。若是中碳钢、低合金钢、高锰钢则需退火处理；若是低碳钢应进行正火处理。机械加工后，铸件的表面粗糙度和形位公差不致因热处理而发生变化，所以把热处理工序放在机械加工前进行。

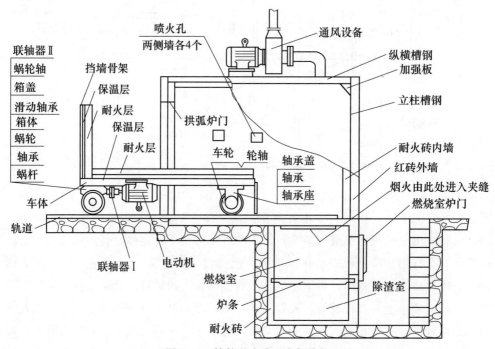

图 1-35 铸件退火或正火加热炉

铸件退火或正火加热炉（图 1-35）由金属结构框架、炉体部分、燃烧室、电动保温车、通风排烟设备等组成。

① 金属结构框架的四个立柱用 16 号槽钢，四个方向的上下横梁用 14 号槽钢，立柱与横梁转角处各加一块三角加强板，全都进行牢固焊接。这个炉体外形骨架具有较好的强度和刚性。

② 炉体部分，是在主体骨架内先砌一层红砖外墙，外墙内再砌一层耐火砖内墙。左、右内墙与外墙之间留夹缝，作为烟火通道。两边内墙与炉膛之间，在适当的高度位置各留四个喷火孔。炉顶砌成拱形，最上面填充保温材料，石棉粉加矿渣粉和成泥即可。

③ 燃烧室设在炉底的后下部。四周和拱形顶用耐火砖砌成，拱弦的两侧留出空间位置与两侧墙的夹缝相通。前面留炉门框，下部安放炉条，炉条下面是除渣室。此外，设计了适用的地坑便于司炉工加煤或除渣。

④ 电动保温车。该车有金属结构的车体，车体下装有四个车轮、四根轮轴、八套轴承座、八套轴承、八个轴承盖。两个主动轮，用电动机、联轴器Ⅰ、蜗杆、蜗轮箱体箱盖、蜗轮、蜗轮轴、滑动轴承、联轴器Ⅱ、组成完整的传动体系，进行驱动。金属车体台面上，铺砌一层耐火砖，砖下铺硅酸铝保温层。车体两侧及前端均有向下的挡火板，可保炉膛温度不向下散失。车体后端的上部设计了挡墙，此挡墙可随车体同时出入。挡墙由金属骨架、耐火层和保温层组成。贴近金属骨架先铺一层硅酸铝板或石棉橡胶板，再砌一层耐火砖，可保炉膛温度不向外散失。挡墙的形状和尺寸与炉门框相符。装好工件进入炉膛时，挡墙则进入炉门框。挡墙代替炉门对炉膛进行密封和保温。保温是为了使铸件组织细化，增大强度和韧性，减少内应力，改善切削性能。用热工仪表监控炉内温度变化情况。达到保温时间后，炉内若是退火件，即将燃烧室的火熄灭，令其随炉冷却。炉内若是正火件，即可出炉，在室温下冷却。

⑤ 通风排烟设备。一台离心通风机，安装在炉体上面靠近墙壁处。进风管与炉膛上部靠后的排烟口接通。出风口接到墙外的烟筒下。

1.3.5　铸件悬挂式自动抛丸室的设计

当生产任务繁重时，一套喷丸系统不能满足生产所需时，可以设计一套铸件钩悬挂式自动抛丸系统（图 1-32）。该系统由一个抛丸室、两台抛丸机、一套带若干挂钩的环形输送链、一套通风设备等组成。铸件悬挂式自动抛丸系统由两半部分组成。两半的结构、形状、尺寸都完全相同，对称对立分布，中间形成较长的夹道。两半的外层结构是：先制作角钢骨架，骨架内铺钢板，钢板内铺橡胶板。金属外壳相隔距离为 500mm。这个尺寸就是狭长夹道出入口的宽度。铺设两半内层橡胶板时，将出入口全挡住，中间只留对合缝。当悬挂的铸件来到入口时，将对合的橡胶板挤开而进入夹道。铸件进去后，橡胶板则自动对合，就像自动关门一样。铸件在狭长夹道中徐徐前行，接受抛丸对内外表皮的清理。铸件运行到出口时，挤开橡胶板门而离开抛丸室。操作者在出口外取下清理好的铸件。传送链上的空挂勾继续前行；快到入口时，另一位操作者又挂上待清理的铸件。如此不断的循环作业，不断地完成对铸件的抛丸任务。因为室内狭长，抛丸室下面必须有两个漏斗才能接收抛散的铁丸。漏斗下安装了出砂嘴，并接好了压缩空气管和夹布橡胶管。一旦打开空气阀门，铁丸就顺着橡胶管进入抛丸机上的存砂斗，供给两台抛丸机需用。两台抛丸机（图1-36）分别安装在两半抛丸室的侧面，可同时向狭长夹道中抛丸，对铸件表皮进行击打。抛丸机由一套机座、机座上安装电动机、传动齿轮、轴承座、轴承、轴承盖、抛轮传动轴、抛丸轮、轮壳装置，安全护罩和接存丸漏斗等零部件组成。

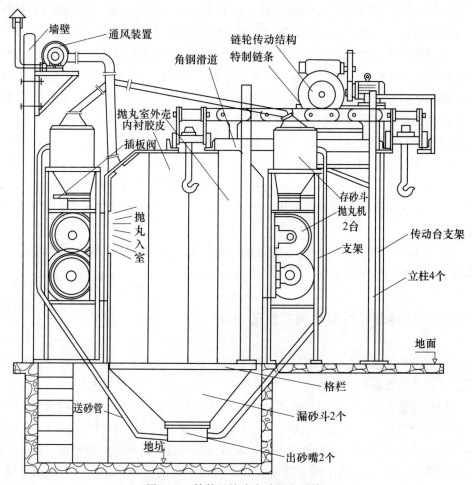

图1-36　铸件悬挂式自动抛丸系统

电动机选用5.5kW，转速为1440r/min。电动机轴上装一个大齿轮，带动抛轮传动轴上的小一点的齿轮，其传动速比为1.5∶1，抛轮的速度2160r/min。抛轮（图1-37）由轮体、叶片、挡盘三种零件组成。材质为强度、刚性、韧性、耐磨性能都很好的高锰钢。轮体内孔有键槽，装在传动轴上用键连接。轮体外部加工了8条燕尾槽，叶片下部也加工成燕尾形，与轮体上的槽相配。轮体两端各有4个螺纹孔。待叶片装好后，两端用挡盘挡住且固定在轮体端面上。这样不管抛轮如何高速旋转，叶片也不会被甩出来。

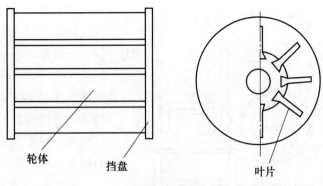

轮体　　　挡盘　　　　　叶片

图 1-37　抛轮

　　铸件在夹道中接受抛丸击打时，自身能任意转动。因为挂铸件的钩子上部装有推力球轴承。铸件从入口进入夹道后，抛丸先击打铸件的前部，由于抛击力的作用，使铸件顺转，接着击打铸件的后部，使其反转。这样不会产生击打不到的死角。此外，因为两台抛丸机安装在抛丸室的两侧，它们的抛轮位置隔开一定的距离，让铸件先接受一次抛打，一会儿再接受另一次抛打，就会将其外表清理得干干净净，且平整光滑。

　　环形输送链（图 1-38）由节距为 80mm 的特制环形链条和链条下的横轴、挂钩、挂钩上部的推力球轴承，锁紧螺母、角钢滑道、支撑架、链轮传动机构等零部件组合而成。

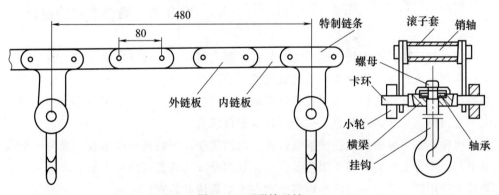

图 1-38　环形输送链

　　链轮传动机构（图 1-39）包括传动台、电动机、联轴器 I、蜗杆、轴承、端盖、蜗轮箱体箱盖、蜗轮、滑动轴承、蜗轮芯轴、链轮等零部件。链轮是在链条的上面对链条进行传动。

　　链轮传动机构的电动机选用 3kW，720r/min。电动机轴上装齿轮与蜗杆轴上的齿轮的传动速比为 1：5，蜗杆蜗轮的传动速比为 1：72。按照上述速比计算，链轮每分钟只有 2 转。链条每分钟运行 1.6m。链条下挂钩的间隔距离为 0.48m。也

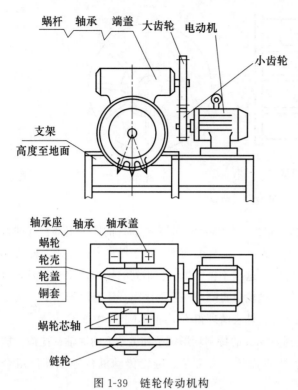

图 1-39　链轮传动机构

就是说，每分钟有 3.3 个工件经过抛丸室。滚子套两端的链板，一边走外环，一边走内环。如果把链条的节距定死，则这个环形无法转过来。因此将内侧链板的销孔加工成腰形长孔，转弯时，销子在这孔内有一定的调节余地，即可走出环形。

一台离心通风机安装在墙内的支架上，用于通风排气。进风管分别与抛丸室和两个存砂斗上部连接，可同时对三处吸尘。排风管接至墙外，将烟尘排出。

存砂斗下部装插板阀，抛丸机开动后，打开插板阀，铁丸流至抛轮抛入室内。

1.3.6　清理滚筒的设计

结构较简单的小型铸件既不能悬挂进入抛丸室，又不便放在喷丸室的转盘车上进行清理。因此可以把这些小铸件放进清理滚筒内，当该设备旋转时，小铸件在里面颠来倒去，互相碰挤，很快就将外表的粘砂弄得颗粒无存。清理滚筒（图 1-40）由一套机座、一套传动装置、一个滚筒等部件组成。

机座，是由纵横搭配的槽钢组焊而成的结构架，上面铺一层钢板，成为一个矩形平台。平台上面装有四个滚轮及支架。这四套滚轮装置是用来支承大滚筒又起滚动导向作用的。平台一边的小矩形平台用来安装传动装置。

传动装置，由电动机、联轴器、减速箱、小齿轮等零部件组成。电动机选用 5.5kW，转速为每分钟 1440 转。减速箱传动速比为 22.4∶1；减速箱出轴上装一个小齿轮，齿数为 26，与滚筒上的大齿圈啮合。大齿圈齿数为 260，其传动速比为 1∶10。经计算，该滚筒的运行速度为每分钟 6 转。

主滚筒，是一件由 10mm 厚的钢板卷成的圆柱筒为主体的滚筒。主体外圆上套装了两件用 50mm 的方钢做成的环形滚道。靠近一头装了一件大齿圈，与减速箱出轴上的小齿轮啮合。当启动电动机时，可传动该滚筒旋转。主滚筒内部配铺一

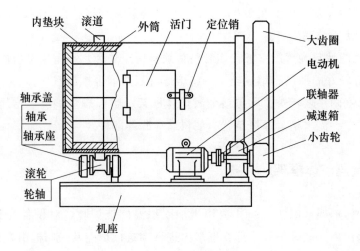

图 1-40　清理滚筒

层由高锰钢铸成的耐冲击、耐磨的垫块。此垫块与主滚筒体用螺钉固定，可以拆卸更换。在主滚筒中段有活门，活门内也配有耐冲击垫块。此门打开，可装卸工件和清扫滚筒内的杂物。制造该设备时，需注意几个问题：

① 用钢板卷成的外筒，其圆柱度误差不得大于 2mm。

② 滚道和大齿圈内孔加工前先测量外筒外圆直径的实际尺寸后，再加工其内孔，略大于 1～2mm 即可。

③ 将滚道和大齿圈套在外筒的相应位置处，先点焊定位后，将其放到四个支承滚轮上，用手搬动转一周，看是否顺畅。不顺畅需调整，顺畅则焊牢。

④ 配内垫块时，先将每件垫块排列放入外筒内，可用小焊点焊住，注意不要与外筒点焊。满一圈后，再与外筒一起钻孔，孔径比螺钉大 1.5～2mm。螺钉头在内，螺纹向外，穿入螺钉固定。以此类推，全部配好固定即可。今后大修，更换内块时，照此办理即可。

1.4　燃油燃气两用熔铝炉

燃油燃气两用熔铝炉的结构并不复杂，但具有下列几个特性：

① 用重油和天然气作燃料，比用电作燃料要经济实惠。

② 全部结构可自行制造，设备投资成本较低。

③ 熔炼铝合金，炉温在800℃以下，炉膛不易被烧损。投产后，不需经常停产修理，设备使用效率较高。

④ 配用的油料罐置于室外，用管路将油料送至炉旁，不占用室内场地。

⑤ 配有较好的抽风排烟设施，可将熔炼过程的烟尘排出室外。

燃油燃气两用熔铝炉主要包括金属炉体框架、耐温燃烧炉膛、增压喷雾装置、炉门及炉门框、流水槽、通风装置、油料储存罐等部件。

1.4.1　金属炉体框架

金属炉体框架（图1-41）主要用于加固耐温燃烧炉膛，对设备的其他部分起到装载支承作用。燃烧炉膛全部在框架内进行砌筑；炉门及炉门框由在框架前面中部两根横梁承载；增压喷雾装置安装在框架左侧靠上部的支承钢板上；流水槽由框架右侧下部的两根横梁承载；通风设备安装在框架上面靠墙处。框架的四个角各用一根16号槽钢作立柱，再在立柱之间，上下各用四根14号槽钢在四周将立柱连成整体框架。在各横档与立柱连接转角处，各用三角钢板加固。前面中部略偏下的位置增加两根14号槽钢横梁，这两根横梁之间又增加两根14号槽钢的立柱，此处安装炉门框和炉门。框架的左上部增加一根14号槽钢横档，并在中段加一块有方孔的钢板，可安装增压喷雾装置。框架的右下侧也增加一根14号槽钢横档，中部也加一块有方孔的钢板，安装流水槽。框架的顶上靠墙的一方，同样加一根横档和一块钢板，用来安装通风设备。

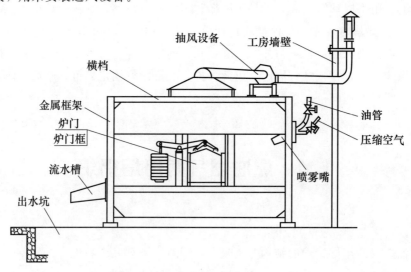

图1-41　金属炉体框架

1.4.2 耐温燃烧炉膛

在金属框架内砌筑的耐温燃烧炉膛如图 1-42 所示。最底层与四周外层用红砖平砌，炉底第二层用耐火砖侧立砌层，四周用耐火砖平砌。注意，炉门框内中间留方口，两边砌柱脚，上部砌拱弦。在侧下部按尺寸要求留出放水孔；左侧上部留出喷雾装置的空位。炉膛下部四周加侧砌 0.6m 高的耐火砖层，靠内又加侧砌 0.4m 高的耐火砖层。将炉底耐火砖以上用硅砂拌耐火泥打结成方碟形，其打结层厚度与周边斜度达到要求。炉膛上部先用竖楔形耐火砖立砌一层拱弦，拱弦上再平砌一层红砖，红砖层上面再填充保温材料封顶。保温材料下层，先铺一层硅酸铝片，其余用石棉粉加炉渣填满即可。

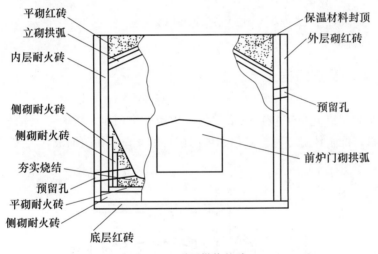

图 1-42　耐温燃烧炉膛

1.4.3 增压喷雾装置

增压喷雾装置（图 1-43）由多孔喷嘴、外壳护罩、叉管接头等零件组成，可通油和压缩空气。多孔喷嘴的结构较复杂，外形前段是圆锥体，锥体上分布八个小喷雾孔；中段为圆柱体和较大的圆柱螺纹，螺纹用来连接外壳护罩的下段和叉管接头，喷嘴的内腔前孔较小；后段是大孔，锥体上的小孔均与此内孔连通。油管送来的燃料油，在压缩空气的加压状态下，从小孔中喷出雾化成可燃气体。外壳分成两段制造，下段用来保护喷嘴不受烧损，这一段内螺纹与喷嘴上的外螺纹连接，上部做成圆法兰盘，用来与外壳上段相连。外壳上段的下部是圆法兰盘，上部是方形法兰，可安装在金属框架左侧上部的钢板上。喷嘴安装完后，四周与炉墙之间的间隙用耐火泥堵严，避免被火烧坏喷嘴。该喷雾装置的原理就与气割枪的喷嘴相同，结构、形状、尺寸，可根据需要进行专门设计。

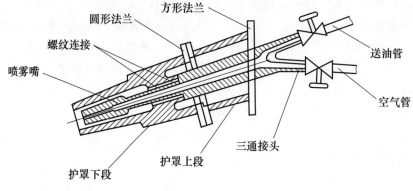

图 1-43　增压喷雾装置

1.4.4　炉门及炉门框

　　炉门及炉门框（图 1-44）包括炉门、压条、炉门框、连杆、启动杠杆、杠杆支座、吊盘、配重体等零件。炉门和炉门框是用灰口铁铸造而成，再按尺寸进行加工即可。

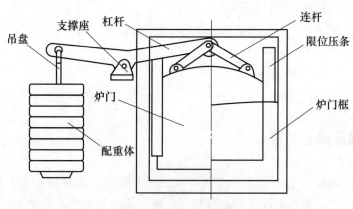

图 1-44　炉门及炉门框

　　炉门框固定在炉体框架前面中部的相应位置上，永久性固定不动。炉门立靠在炉门框前面，两边用压条限位。炉门的上边有两个支耳，用来安装连杆。两连杆的上部相交处，用活销轴与启动杠杆连接。杠杆的中间位置是杠杆支座，杠杆的另一端是配重体。配重体是灰口铁铸成的带槽的圆饼，与台式磅秤的秤砣相似。挂在杠杆尾端的吊盘，是一件上部有钩、下部有盘的专用零件，用来叠放配重圆饼。配重体的总重量比炉门总重量略轻一点。不需启动炉门时，炉门自动常关闭。当需要启动炉门时，只要在杠杆尾段略加一点力，炉门就打开了。不需任何电动设施，随意开关炉门都非常方便。炉门本体内侧空位，用耐火砖、耐火泥砌筑填满且抹平，保护铸铁炉门不被烧损。

1.4.5　流水槽

流水槽（图1-45）可用灰口铸铁制造，也可用10mm厚的钢板焊制，其形状是前小后大旳槽框，后端与炉体框架右下侧中间的钢板连接，槽内用耐火砖砌筑。流水槽的位置在出水坑之上。将盛载铝水的专用吊桶放入坑内，从槽内流出的铝合金溶液正好流入吊桶内。装完一桶后，先堵流水孔，再将吊桶吊到浇铸机旁的保温炉上部，将溶液倒入保温炉内，进行精炼去渣，即可进行浇注。

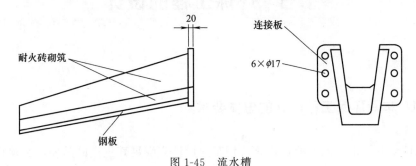

图1-45　流水槽

1.4.6　通风排烟装置

通风排烟装置如图1-46所示，在炉体框架的右上部靠墙处，有增加的横档和钢板，是用来安装离心通风机座架的。通机固定在座架上，进风管接至炉门上部，与支承固定在那里的大吸烟罩连接。出风管接出墙外，并转弯向上，高出房沿，使烟尘排入高空。

1.4.7　储油罐

在炉后方向，隔墙用砖砌两个高于炉顶的墩子，墩子上放一块钢筋混凝土平板，储油罐放置在该平板上。将出油管与炉体左上部的喷雾装置连通，以专用阀门控制。若是使用天然气作燃料，这全套储油装置可省去不用。只将天然气管路与喷

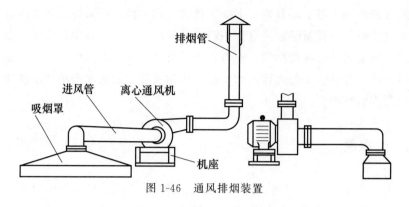

图 1-46　通风排烟装置

雾嘴接通，加阀门控制即可。炉子其他部位无任何变动。

1.5　环保工程的设计

1.5.1　车间环保工程设计的总体要求

机械化造型生产能力的现代化铸钢车间设计应满足其生产的需要，必须符合下列要求：

① 主工房的实用生产面积，不得小于 6000m²。房的高度，自房顶结构架以下的空间不得低于 10m。这个高度可分为两段来考虑。地面至起重机轨道平面一段不低于 8m，以适应地面设备的吊装、冶炼后金属溶液的吊运之需；轨道平面以上至房架下不小于 2m，以适应安装 10～15t 的桥式起重机之需。

② 主房以钢筋混凝土结构为主，砖木结构为辅。工房的基脚、立柱、地梁、鱼腹梁、房架等主要结构，都是由钢筋混凝土组成主体骨架，辅以砖木结构的墙壁和门窗即可。

③ 房顶要设计天窗，便于使室内污浊空气排出。

④ 主工房的承载负荷以安装 15t 的桥式起重机为设计计算依据。如基脚立柱、地梁、鱼腹梁、房架等主要结构，必须满足承载负荷的需要，尚有足够的安全系数方可。

⑤ 辅助生产面积要做统一配套设计。如型砂库，要求能容纳上千吨的新砂，又不能离混砂工作场地太远，还要能通入铁轨与火车皮。在混砂系统附近要有型砂

试验室，在冶炼工作场地附近要有炉前分析室、炉前配电室、电气控制室和变压器房等。在主房附近还要设计一间机修工房，既能安装几台通用机加设备，又能摆放几张钳工工作台。主工房清理工作场地附近要设计喷砂间、抛丸间、划线室、热处理室等。

⑥ 与之配套的生活设施是不可或缺的。如员工们的洗浴室、茶炉房、计划调度、工艺技术、材料供应、行政管理等。

1.5.2 通风排烟、除尘设备

对有关场地，必须配制通风排烟、除尘设备。凡是产生烟尘的设备和部位，都必须配制专用的通风设备。

造芯工段一台型芯干燥炉、热处理工段两台退火炉、两台震动落砂机工作场地、地沟输砂、磁铁分离处，喷丸室和抛丸室等都配制了专用除尘排烟通风设备。

在钢水包修包工作场地上，新修好的钢水包，需燃烧木柴、焦炭对钢水包进行烘烤。烘烤时产生的烟尘，也需要配制简易的排烟装置。可以在修包工作场地的墙上打孔，安装一台轴流式通风机，风机进风口配制吸烟管和罩子。在这个罩子下面烘烤钢水包，产生的烟尘由轴流风机排出室外。

在冶炼和浇注工作场地上也会产生较大的烟雾，由于散发的面积太大，不能集中用抽风机和排烟罩来解决问题，因此在工房设计天窗，大面积的烟雾由天窗排出。

第 2 章

活塞毛坯的设计与加工

2.1 活塞毛坯的铸造

2.1.1 活塞模具

活塞毛坯的大批量生产，主要是通过液压浇铸机或手动浇注而成。

（1）活塞模具结构 活塞的模具结构较复杂，主要分芯模、型腔模、上模三部分。

① 芯模 芯模是形成活塞内腔形状的模具，用强度和刚性很好的耐热低合金钢制成。由于活塞内腔往往设计有径向加强筋或有向内凸出的边沿，芯模需做成五块组合镶块式结构才能脱模。这五块镶块的结合面都有一定的斜度，接合间隙小，表面光洁度好。尤其是中心的镶块四面都有斜度，而且要求制成可通空气或水进行冷却的内冷空心件，其制造难度更大。在芯模的上侧，装有一对盐芯支承。盐芯支承的位置、形状和尺寸大小是按活塞内腔的进、回油孔的位置、形状和尺寸而专门设计的空心件。浇注前将事先加工好的已进行预热的盐芯置于该支承上，再用带钉子头的钢丝插入支承内孔中，将盐芯固定，这样就可浇注出带内冷却油道的活塞毛坯。如所浇注活塞无内冷却油道，去掉上述工序即可。

② 型腔模 型腔模是形成活塞外部形状的模具。用耐热铸铁或耐热钢分左、右两半部分制成。在油缸的作用下，能开合自如。型腔模的上平面中间位置设有浇口杯，浇口杯下面是浇道。浇道与模腔之间可放置过滤网。铝合金熔液经过滤后进入模腔。型腔模的两侧中间位置有销座装置，用来安放销孔芯轴。芯轴可使活塞毛坯形成销孔。型腔模的内壁应加工成若干半圆形的环槽，以适应活塞毛坯外表冷凝成形的需要。内腔上部的接合止口可供上模定位；上部的支承点用来放置镶件，即可浇出带加固镶件的活塞。左、右型腔模可分别通入循环水，进行冷却。销孔芯轴中可通入压缩空气进行冷却。此外，在型腔模的特殊部位，可装入导热快的紫铜块，促使合金熔液迅速冷凝，从而减少缩孔和缩松现象。

③ 上模 上模是形成活塞顶部形状的模具，可用灰口铸铁或耐热钢制成，内部可通入循环水冷却。上部装有冒口保温套，保温套中的铝合金熔液对模腔内工件的进行补缩。

（2）活塞金属型铸造的特点 因模具制造时各部位的形状和尺寸控制较严，又不会轻易发生变化，所以铸出来的活塞毛坯形状和尺寸非常稳定，具有以下特点。

① 由于在模具上对各个部位都采取了自动冷却控制措施，确保合理的凝固顺序和冷却速度，保证了活塞内部结构紧密，毛坯质量好。

② 可生产各种带镶件、可控膨胀片和内冷却油道的高质量活塞。

③ 模具经久耐用，可进行连续作业，适于大批量生产。

2.1.2 浇注前的准备工作

（1）盐芯的压制与准备 盐芯的主要原材料是含氯化钠 98.5％ 以上的食盐，经高温焙烧去水分、机械碾碎、筛选、配粘接剂、在专用模具中挤压成形、烧结、在专用盐芯车床上加工和钻孔等工序制成。

① 盐的焙烧：将原盐放入箱式电炉中焙烧，升温速度为 200℃/时。当升至 750℃ 时保温 2h，降温至 200℃ 时出炉。

② 盐的混碾：将焙烧好的原盐放入小混砂机中碾压 10～15min，再用 100 目的筛子进行筛选。

③ 配料：将粒度适用的 93.5％ 盐粉和 6.5％ 水玻璃混合拌匀待用。

④ 挤压成形：在 100t 的油压机上装好专用的盐芯模具，将混合好的原料定量放入模腔内一次挤压成形。

⑤ 坯料烧结：将挤压好的盐芯坯料放在箱式电炉中进行高温烧结。升温速度为 100℃/h，升至 780℃ 后保温 1h，出炉后转入干燥箱内保温防潮。

⑥ 盐芯加工：将烧结好的盐芯坯料装在专用夹具中，在专用盐芯车床上用成形刀具进行车削至所要求的形状、尺寸。

⑦ 盐芯钻孔：在台式钻床上进行钻孔。

⑧ 盐芯预热：经检验合格的盐芯装入炉内，升温至 450℃，保温 30min 后，方可使用。

（2）高镍镶件的制作与准备

① 镶件坯料的熔炼与浇注：按高镍镶件的成分要求配好全部材料，在中频电炉中进行熔化和冶炼。当熔液成分合格并达到浇注温度时，将其熔液定量注入离心浇注机上的专用模具中，铸成圆筒坯料。

② 镶件坯料热处理：将圆筒坯料装入箱式电炉中，进行退火处理，改善其加工性能。升温范围 580～850℃，保温 4～5h，随炉冷却至 200℃ 以下出炉。

③ 镶件的加工：在车床上先将圆筒坯料进行内外圆粗加工并切成单片，留出余量，再逐片按设计要求进行加工。

④ 镶件表面喷丸：用直径为 0.8～1.2mm 的钢丸对镶件表面进行冲击，提高

表面硬度，使表面形成若干均匀细小的冲击痕迹，能与铝合金熔液接合得更牢固。喷丸后的镶件既不能接触油污又不能有锈斑。

⑤ 镶件预热渗铝：镶件未装入活塞浇注模之前，需进行预热和渗铝处理，其工艺过程如下：

a. 在红外线加热炉中熔炼渗铝用的硅铝合金熔液。熔液含硅量为 6%，其余 94% 是铝，温度为 720℃。

b. 将合格的镶件在炉内预热到 350～400℃。

c. 用特制的金属钩子，将预热后的镶件挂入渗铝熔液中，并作上、下移动，使镶件内外各面都能均匀地黏附一层熔液，再在熔液中挂 5～10min 待镶件温度与熔液温度达到一致后，即可入活塞浇注模内使用。

（3）模具准备

① 对模具各部位进行检查调整，做到模具的开合自如，动作灵敏。各部位通水、通气冷却设施完好畅通。

② 通过火焰喷射器向模具喷射燃气火焰进行预热。模温达 250～300℃。

③ 用喷嘴向模具喷涂一层 0.07～0.15mm 的脱模剂。脱模剂的成分为水玻璃 3%～4%，氧化锌 6%～7%，水 90%。

（4）硅铝合金的精炼

① 配料。根据铸铝 109 牌号的成分要求，配备全部原材料及合金元素。配料时，允许回收部分废活塞或浇冒口余料，但不得超过总需要量的 15%。回收的废活塞中的高镍镶件应事先清除，以免增高合金熔液中的含铁量，进而影响整个铸件质量。

② 铝液熔化。将配好的炉料装入电阻反射炉，加热熔化成铝液。

③ 合金的熔炼。将所需合金元素装入工频感应炉进行熔炼。

④ 混合精炼处理。将铝熔液与合金熔液分别转入电阻保温炉进行混合熔炼。先向混合熔液中通入压缩空气或氮气，使熔液沸腾，去渣，然后再通过石墨导管通入氯气，除去熔液中的气体。

通氮法：由于气体氮不与铝反应，氮以气泡的形式自铝液的底部向上浮起时，合金中的氢不断进入氮气泡，随之升到液面而逸入大气中。气泡在上升过程中，同时吸附氧化渣及其他杂质，使之一起浮到液面，即产生除气除渣作用。

通氯法：由于氯气与铝发生化学反应，在熔炼温度下氯化铝和氯化氢都是气体，它们与氯气在铝液中向上浮起时，共同起除气精炼作用。

注意，采用通氯法时必须认真严格检查通氯所使用的全部设施的完好性能及密封性，不能有任何漏气现象。

⑤ 变质处理。在精炼后的熔液中，按工艺要求加入熔液质量的 1.5%～3% 的变质剂，首先将其均匀撒在铝液表面，让其熔化结壳，静置 10～12min，接着将结

壳的变质剂以压瓢压入铝液下 150mm 处，上浮结壳后继续压入。如此连续操作 2～3min，即可扒渣浇注。

变质处理的目的是为了细化硅铝合金的固溶体组织。合金的力学性能、抗热裂性、滑动特性、气密性均可得到提高，从而改善了机械加工性能与活塞的使用性能。

经上述除气、去渣和变质处理后，可取样化验熔液成分。根据化验状况，有必要时，对某些不足的合金元素，进行调整补充。将上述合格的硅铝合金熔液升温至 780℃并保温待用。

2.1.3　活塞毛坯的浇注

当各方面都达到最终要求时，即可进行活塞毛坯的浇注，其操作程序与要求如下：

① 启开上模与型腔模，在芯模上部的盐芯支承上装好盐芯，在型腔模浇道的下部装好过滤网。

② 闭合型腔模，并在型腔模上部止口台上放入镶件。

③ 盖好上模，并将模底板或浇铸机台面板倾斜 20°～25°，快要浇满时，将台面板复位。

④ 从浇口杯中向模内注入铝合金熔液，注意熔液的浇注温度不低于 770℃。

⑤ 向模具有关部位通气、通水冷却，促使模内熔液迅速冷却凝固。通气、通水的先后次序与具体延时参数，按各种活塞的复杂程度与大小而定。

⑥ 开模。熔液浇入模内 2.5～3min 之后，凝固过程已完成，即可开模。

⑦ 强冷。将出模的毛坯放入风冷槽或水槽中，进行强制冷却。

2.1.4　毛坯的清理与检验

① 清除毛坯内外飞边毛刺，切除浇口余料。

② 割除浇口、冒口等余料。

③ 按规定位置打炉号标志。

④ 毛坯检验：检查外表是否有裂纹、裂痕，观察浇冒口断面处是否有气孔疏松现象，测量各主要尺寸是否发生变化。

2.2　活塞毛坯液压浇铸机的设计

液压浇铸机是用来浇铸铝合金活塞毛坯的。铝合金活塞是汽油发动机、柴油发动机最关键的部件。只要活塞能正常运动，发动机就能正常工作。活塞一旦出现故障，发动机就立即停止运转。活塞工作时，既要承受工作压力、惯性力和侧向作用力，又要承受热负荷。它的设计与制造技术，十分复杂。它要求精度高、强度大、刚性好，耐冷热性能好，耐磨性能好。精度，是对活塞的几何形状、位置、加工尺寸公差和表面粗糙度而言的。强度和刚性，是指活塞在冷热变换的复杂工作条件下，能适应高速度和高负荷的运行，不产生断裂和扭曲等损伤现象。耐冷热性能，是指活塞在工作时受燃油、燃气燃烧过程中产生热量而膨胀，并承受热冲击变形，而不工作时变冷却而收缩的反复冷热变换条件下仍能坚持正常工作。除了机械加工保证精度外，活塞的强度、刚性、耐冷热性能、耐磨损性能等，是要靠活塞本身的材质和铸造的毛坯时热处理和表面处理的工艺技术来保证的。大批量生产高质量活塞，必须有自动或半自动的活塞毛坯浇铸机。当前，国内能生产活塞的企业有两百多家，然而能生产高质量活塞的企业却只有几十家，且这些企业所拥有的活塞毛坯浇铸机绝大多数是从国外引进的，设备购价昂贵，投资巨大。例如从德国引进的浇铸机，一台就需要人民币 80 多万元。自制浇铸机，成本不到 10 万元，投资不到进口设备的八分之一。因此对进口设备进行改造简化，并自行设计国产高质量浇铸机显得尤为重要。

2.2.1 液压浇铸机的整体设计

液压浇铸机（图 2-1）由机座、主机工作台、芯模拔模机构、上模拔模机构、侧模拉拔装置、水冷系统、液压系统等组成。该浇铸机结构较为简单，比进口设备节省了 30%的机械零部件，相当于进口设备结构复杂系数的 70%。整台浇铸机各个动作都是以液压油为动力，各油缸的进油、回油、保压、换向等由电磁换向阀的电气程序控制。该浇铸机共设计了七套液压油缸：两套用于型腔模的开模与合模；一套用于上模的开模与合模；一套用于芯模的开模与合模；两套用于两块侧模的开合；一套用于驱动工作台面的倾斜与复位。这些液压油缸动作的先后程序和延续时间是按根据浇铸活塞毛坯的复杂程度和尺寸大小等进行程控系统的专用程序来控制的。

浇铸机对浇铸模的芯模、两半对开的型腔模和上模都能通水冷却。对活塞的销孔和销孔座，可通入压缩空气进行冷却。整体冷却效果良好，能确保毛坯的内在质量合格率达 94%以上。

2.2.2 机座结构

机座（图 2-2）是用槽钢、钢板、钢块组合焊接而成的具有较好强度和刚性的

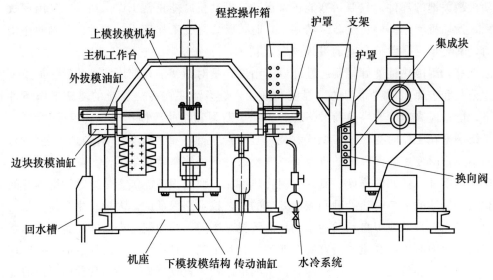

图 2-1 液压浇铸机

结构体。浇铸机各部分的自重与工作时的动力都由机座来支承。

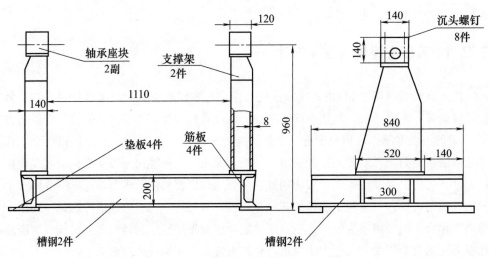

图 2-2 机座

机座以长方形的槽钢框为主座本体，槽钢框的四个角下有垫块与地面接触，不需地脚螺钉固定，能平稳地摆放到工作场地上。槽钢框的上部两边是两个厚度为8mm的钢板焊制的支撑架。支撑架的上端各有一副轴承座块。座块分上、下两部分，中间结合面有定位止口，上块有沉头螺钉通孔，下块的相应位置有四个螺纹孔。可用沉头螺钉将上、下两块连成整体。轴承座块中心圆孔是安装主机工作台两端的转轴的，要求两副座块的中心圆孔要在同一条中心线上，工作台才能灵活转动。因此先不要将位置定死，待主机工作台组合完后，将工作台的转轴放入支架上部轴承座块圆孔内，用工作台两端的转轴来定位，然后才将支架与底座框架焊牢。

2.2.3　主机工作台结构特征和功能

主机工作台（图 2-3）是由强度很好的灰口铸铁铸造而成的长方形台面板，台板两端的支撑板、支承转轴和 16 件内六方螺钉组合而成的。

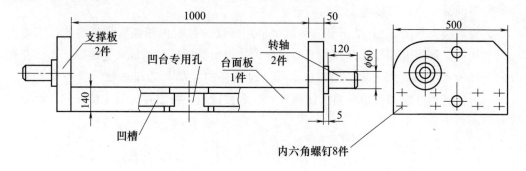

图 2-3　主机工作台

台面板中心加工有带凹台的专用孔，可安装浇铸模的芯模及其导向套。台面板上平面可安装浇铸模的型腔模。型腔模的拔模油缸安装在台板两端支撑板的外侧上部，侧模的拔模油缸安装在该支撑板外侧的下部。两端支撑板用内六角螺钉与台面板紧固连接。支撑板外侧装有转轴，转轴装入底座支架上的轴承座块圆孔内，工作台被悬空架起，可绕轴心线旋转。台面板下面靠近中间加工了四个较大的螺纹孔，是为安装芯模拔模机构而设计的。台面板的右下角里有一个凸台向下的小平面，可安装一个小支承座，此小支承座与倾动油缸连接。在倾动油缸的驱动下，可使工作台倾斜和复位。

工作台中心凹孔的两头，加工有凹槽，槽内可安装侧模拉拔机构，此拉拔机构由工作台两端支撑板外侧的小油缸控制，可使侧模自行开合。

工作台的后侧分布了一组用来安装液压系统分油集成块挂架的螺纹孔。挂架上安装分油集成块，集成块前侧面装有若干进、回油管接头，分别与各油缸的进、回油管路连接。集成块的后侧面，安装了与各油缸相对应的电磁换向阀，随时控制各油缸的程序动作。

工作台两端支撑板的上平面，各分布了一组用来安装拱形桥架的螺纹孔。桥架的上部，安装了上模拔模机构的油缸。凡与工作台相连接的各部件，均可随着工作台一起倾动。

2.2.4 芯模下拔模机构

芯模下拔模机构（图2-4）由平板、立柱、紧固螺母、油缸、特制接头、锁紧螺母、连接杆、插板等零部件组成。四件立柱上端与工作台下平面连接，下端与平板相连。立柱下端的平板必须与工作台平行，油缸才能作上下垂直运动，不会产生倾斜现象。在加工立柱时，要求四件的定位有效长度必须保持一致。加工平板时，要注意油缸定位止口要与大平面垂直。

特制接头（图2-5）的下部与油缸出轴用螺纹连接，再用锁紧螺母锁死，不需经常拆卸。接头上部与连接杆的下部相连，是采用插板槽和插板来连接的。连接杆的下部伸入特制接头上部，用插板卡死。连接杆的上部与芯模连接。当油缸上下时，可使芯模开模和合模。当更换模具时，取去插板，特制接头与连接杆就自由分开，操作十分简单方便。

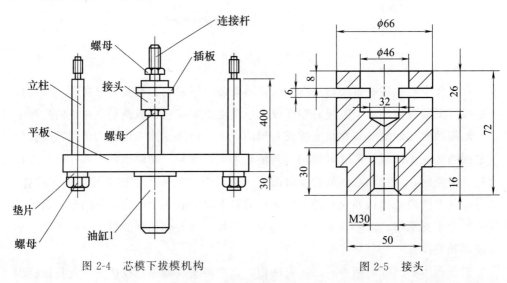

图2-4 芯模下拔模机构　　　　　图2-5 接头

芯模拔模机构的组合按顺序进行。先将四根立柱装在工作台下面的螺孔内，再将平板套入立柱下端，用螺母紧固，测量平板上平面与工作台下平面的平行状况。当平行性符合要求时，则将油缸1装在止口处。若平行性不符，就必须进行修整。接着将特制接头及锁紧螺母拧在油缸出轴上端并锁死，将连杆带螺母拧入芯模中心的螺孔内锁紧，再将油缸出轴上升到位，连接杆下部进入特制接头后，最后将插板插入即可。

工作时，当油缸上下运动时带动芯模上下运动，起到了合模拔模的作用。由于这套机构很简单，运动时无阻力、不碰撞、不摩擦。

2.2.5 上模拔模机构

上模拔模机构（图2-6）非常简单，用槽钢焊制一个拱门式的桥架，桥架的上横梁上安装油缸。油缸出轴向下，轴端固定一块小钢板，钢板两头的螺杆可与上模相连。拱门的两个脚纵跨在主机工作台两端的支撑板上，且用螺钉固定，即可随工作台一起倾动。油缸发出的动力，可全部作用在上模，能轻松自如地对上模进行拔模与合模。因结构简单，运动时无阻力，不摩擦、不碰撞。

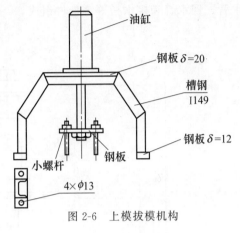

图2-6　上模拔模机构

2.2.6 侧模拔模机构

侧模拔模机构（图2-7）由连接杆、插口联轴器、可调接头、螺母、锁紧螺母、定位滑动键、螺钉、推拉杆、压紧套、固定滑座等零件组成，结构精致紧凑。全套机构可安装在工作台的凹槽内，使用十分方便。

固定滑座是全套机构的外壳，内部装有推拉杆。推拉杆端头的圆盘，可进入侧模的专用孔内，在压紧套的作用下将侧模夹紧，再用锁紧螺母锁死。推拉杆两侧键槽内，以平头螺钉固定的两件定位滑动键起着定向和导向作用，使推拉杆在运动中只能沿轴心线作纵向往返运动，不能产生径向旋转现象。推拉杆的另一端，装有可调接头，通过插口联轴器与连接轴相连。连接轴的另一端与油缸出轴连接，从而形成了一整套运动体系。在油缸的作用下，被夹紧的侧模跟随油缸的退与进而进行开模与合模。

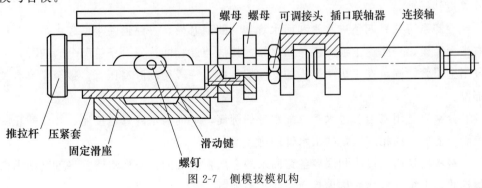

图2-7　侧模拔模机构

2.2.7　水冷系统

水冷系统（图 2-8）由大圆管制成的分水筒、管式电磁阀，通向模具各处的进水管、回水管和接水槽等零部件组成。

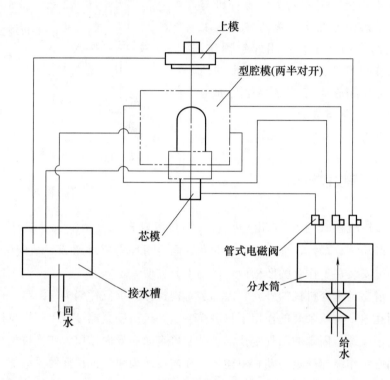

图 2-8　水冷系统

对模具各有关部位通水冷却的先后顺序与延续时间，通过电磁阀控制，能自行开关恰到好处。

冷却系统共有四条进水管和回水管：一路通芯模，一路通左半型腔模，一路通右半型腔模，一路通上模。四条回水管的接法与此相同。每一条管路分为两段，一段用金属管，固定在主机两端头的支撑架侧面，一段用软胶高压管，接至模具有关部位。

分水筒是用来给各进水管分配水量的圆筒，下面与水源管道接通，并以截止阀控制。上面接通相应数量的出水管即可。

接水槽是用来接收和聚集各路回水的金属板制成的长方形水槽。将各路回水聚集到此，再统一从槽底接大管通往回水沟即可。

2.2.8 液压系统

液压系统（图2-9）由油箱、滤油器、蓄能器、冷却器、叶片油泵、电动机、集成块、溢流阀、调压阀、调速阀、压力表开关、压力表、分油集成块、电磁换向阀、吸油管、油泵座、联轴器、出油管、回油管等组成。分油集成块与电磁换向阀安装在主机工作台后侧，其余各零部件全部安装在油箱上面、侧面或里面。

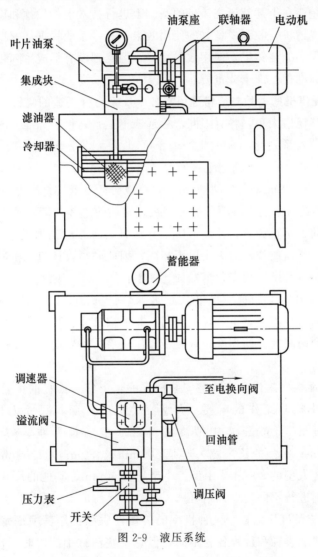

图2-9　液压系统

液压系统设计选用双联叶片油泵，额定排油压力可达63kgf，排油量前泵为6～100L/mim，后泵为16～25L/min。可满足两台浇铸机同时使用所需的供油量和油压。设计的油箱容量为 360L。箱内有滤油器和冷却器，可以确保液压系统连续工作 16h，油温不超过 40℃。其余的溢流阀、调速阀、调压阀等均按系统额定油压和工作性质所需配套选型。

2.2.9　国产活塞浇铸机的系列化和标准化

按照上述设计生产的国产浇铸机，目前已在国内几个主要活塞生产企业得到良好应用。个别企业在上述液压浇铸机的基础上进行技术上的发挥和设计的变更，生产了双模液压浇铸机，收到了良好的使用效果。有些企业根据活塞型号大小不同生产了不同型号大小的浇铸机，使用效果良好，但是都没有形成系列化和标准化，因此形成统一的标准化生产十分重要。

（1）液压浇铸机的型号与规格选用　各个厂家自行制造的浇铸机，其结构形式非常类似，但其规格大小，各有不同，远远谈不上系列化和标准化的问题。因此需将国产浇铸机纳入系列化和标准化管理。可将浇铸机分为大、中、小三种型号规格：200 型为大型，可浇铸活塞毛坯直径 170～220mm；150 型为中型，可浇铸活塞毛坯直径 120～170mm；100 型为小型，可浇铸活塞毛坯直径为 70～120mm。

（2）设计参数　上述三种型号的浇铸机，它们的总体功能、动力来源、操纵方式应该完全相同，不再详述。然而，由于它们各自承接的活塞毛坯规格大小不同，模具大小不同，所需的拔模力大小也不相同，因此必须设计与之相适应的参数。现将几个主要部位设计参数的变化情况详述如下：

① 机座及支撑架。机座（图 2-10）是承受整机自重和全部动力的主要构件。因为三种机型的大小不同，重量轻重不同，其框架尺寸、选用的材料都有变化。为保证主机工作台面离地面的高度一致便于操作顺手，框架端头的支撑架的高度也要发生变化。

② 工作台面板。工作台面板是安装模具的。工作台面板的主要尺寸，必须满足不同规格大小模具工作的需要。大型浇铸机的台面板尺寸为长×宽×厚是 1300mm×600mm×160mm，中型浇铸机台面板的长×宽×厚为 1000mm×500mm×140mm；小型的长×宽×厚是 800mm×450mm×120mm。工作台两端支撑板的厚度：大型的 60mm，中型、小型均为 50mm。其他的尺寸，根据模具安装的需要，分别进行不同的设计则可。

③ 液压系统及液压油缸。三种机型的工作性质和工作程序是完全相同的。三种机型配用的油缸直径和行程各有不同，但是这些油缸中能同时工作的只有两个。由于液压系统所能提供的油压和排油量完全能满足三种机型的需要，因此不必作另行设计，用前面设计的那一种液压系统即可。

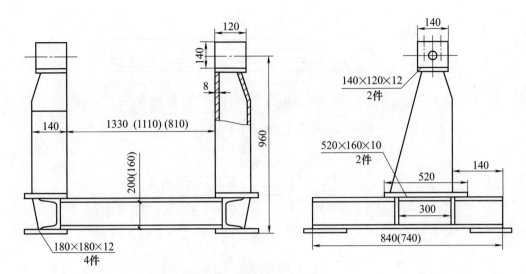

注: 标三个尺寸的是三种机型之需。
   标两个尺寸的,前一个大型,后一个中小型。
   标一个尺寸的,三种机型通用。

图 2-10　三种型号的浇铸机机座

液压油缸是模具拔模的主要动力来源。因为三种机型上的模具大小不同,所需的拔模力度大小不等。油缸的规格按表 2-1 进行选配。

表 2-1　三种机型油缸选配表　　　　　　　　　　　　　　mm

机型 参数 部位	大型		中型		小型	
	直径	行程	直径	行程	直径	行程
工作台倾动	80	200	63	200	63	200
拔模芯	80	250	63	250	50	200
拔侧模	63	50	50	50	50	50
拔型腔模	80	200	63	200	63	150
拔上模	63	350	63	350	50	300

④ 侧模拉拔机构。在图 2-11 的基础上,只需改动一下推拉杆端头圆台与侧模专用夹持孔相适应,再改动一下连接杆的长度,能与油缸相连接即可。

⑤ 上模拔模机构。按图 2-12 施行。拱门式桥架的两个脚是纵跨主机工作台,固定在两端的支撑板上的。需注意的是,由于三种机型工作台长度不同,拱门桥架的两个脚的距离应与之相适应。

⑥ 水冷系统。三种机型都按图 2-13 施行。

液压浇铸机设计的系列化和标准化,有利于更多企业使用和规范,从而创造更好的经济效益。

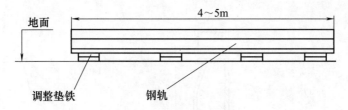

图 2-11　侧模拉拔机构

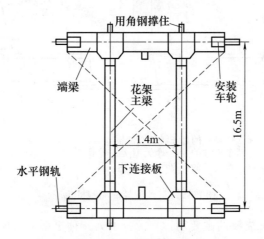

图 2-12　上模拔模机构

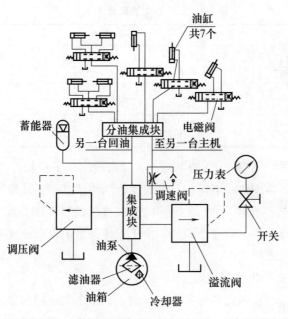

说明：两台浇铸机一人操作，同时启动的油缸只有两个，其余处于保压待令状态。

图 2-13　水冷系统

2.3 100型双模浇铸机

2.3.1 双模浇铸机的特点

双模浇铸机,其实并非两套模具,而是一套模具有两套型腔和两套芯模,能在一套模具内浇注出两件活塞毛坯,可提高生产效率一倍,此外还可节省设备投资、厂房生产面积和操作人员。由于一套模具浇出两件活塞毛坯,因此两件毛坯可以共享一个浇道口、共享一片过滤网,可节约铝合金熔液,提高材料利用率。100型双模浇铸机(图2-14)是专为浇铸直径为80~120mm活塞毛坯而设计,设计的整体特征和总功能及各部位的结构与功能详述如下。

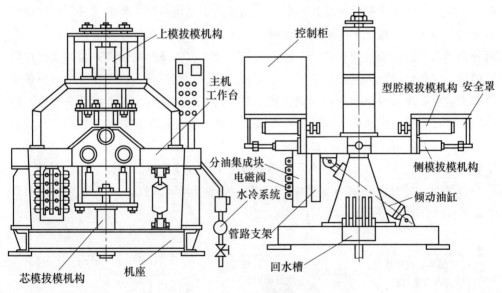

图2-14 100型双模浇铸机

双模浇铸机的操作步骤和控制程序与前面那种单模程控浇铸机完全一样,整台浇铸机的指挥中心是电气控制柜。控制柜内部是西门子公司生产的成套系统程控装置。控制柜外部前侧有电源开关、显示屏和若干按钮。浇铸机各部位的动作程序,模具各部位通水、通气冷却的程序和延时,均由控制中心发出指令。各行动终止时，是通过分散装在各处的感应接触器进行回馈的。控制中心得到上一行动终结信号后，立即发出下一行动开始的指令。

程控循环如下：首先芯模，侧模、型腔模、上模先后依次合模，然后工作台倾斜浇注，最后工作台复位。通水冷却：依次为芯模延时，型腔模延时，上模延时，销孔座通气冷却延时等。脱模顺序与合模相反：依次为上模、型腔模、芯模、侧模。将铸好的活塞毛坯夹住放入水槽中全冷，即完成了一个循环。整个系统具备控制准确、回馈迅速、操作简便、自动化程度较高等特点。

2.3.2　双模浇铸机的结构

（1）机座及支撑架　双模浇铸机的机座如图 2-10 所示，两端横框由 18 号工字钢组焊而成，支撑架用 8mm 厚的钢板焊制而成。支撑架上端有两个可分合的转轴轴承座。主机的全部零部件自重加上模具重量，再加上运行的惯性力，均由这两个转轴座与支撑架承载。

（2）可倾式工作台　可倾式工作台（图 2-15）由台面板、转轴、转轴压板和前、后支板、内六角螺钉等零件组成。台面板是本浇铸机最主要的零件，由结构较复杂的灰口铸铁机械加工而成。台面板的上平面可安装一套带双型腔的型腔模，在两处带凹台的圆孔中可安装两套芯模及其导向套，在四条凹槽内可安装四套侧模拉拔机构。工作台的前、后侧面中间部位安装有前、后支撑板。该支撑板的外侧面可分别安装型腔模拔模驱动油缸和侧模拔模驱动油缸。工作台上平面的两头各有一组螺纹孔，可安装上模拔模机构的拱形桥架。两端可安装转轴和转轴压板。工作台后侧立面，可安装液压系统的两处分油集成块挂架。工作台下面靠近中间部位，有四个较大的螺纹孔，用来安装芯模下拔模机构。下面一端靠近后边框，有一个向下的小凸台平面，可安装一个小支撑座，该支座可连接倾动油缸，在倾动油缸的驱动下，可使工作台倾斜和复位。

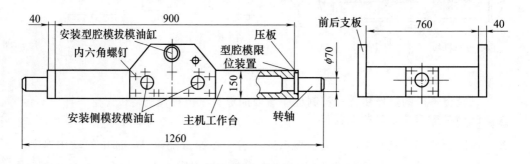

图 2-15　可倾式工作台

（3）**工作台面板**　工作台面板（图 2-16）尺寸如前所述，凡直接安装在工作台上、下、前、后、左、右及中间、内部的所有零部件，均可与工作台同时倾动，各自的工作不受任何影响。

（4）**上模拔模机构**　上模拔模机构（图 2-17）的主体是一个有上、下两层的拱形桥架，由槽钢、钢板焊制而成。下层横梁上安装油缸和导向套，油缸出轴向上。上推为开模，下拉为合模。油缸出轴上端固定一块上推拉板。上推拉板两头，安装了导向杆。由于油缸带动两个上模的开合运动，需要的推拉力较大且要求平稳不摆动，因此设计由导向杆和导向套进行导向。导向杆的下端安装一块下推拉板，下推拉板两头各有两件小螺杆，与上模连接，形成了一套独立的运动体系。拱形桥架固定在主机工作台上平面的两头，可与工作台一起倾动。

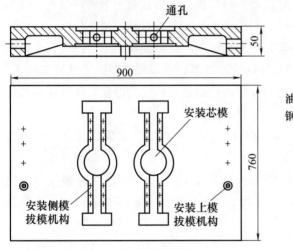

图 2-16　工作台面板

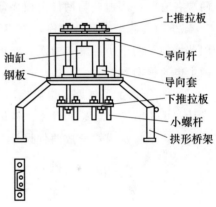

图 2-17　上模拔模机构

制造该拱形桥架时，要注意下列要求。

① 桥架两个脚的下平面与桥架中间层钢板的上平面，其平行差不得大于 0.1mm。

② 上推板、下推板与中间层钢板，它们都与安装导向杆有关，为保证导向杆上中下的中心距离一致，这三块板的孔，最好一起配合加工。即先按其中的最小孔径把三块板都钻孔，接着再将大孔径进行扩大。

③ 组合时，中间层钢板暂不焊牢，待导向杆装好后，无任何扭劲现象再焊。

（5）**芯模下拔模机构**　下拔模机构如图 2-18 所示，由支柱、平板、油缸、下推拉板、特制接头、插板、连接杆、导向杆、导向套、紧固件等组成。4 件立柱的上部与工作台下平面连接，其下则装有一块平板。该平板的平面与工作台的下平面要求平行差不大于 0.1mm。平板下面安装油缸的止口，与该平面垂直。油缸出轴上端装一件下推拉板，下推拉板上装了两件特制接头。该接头上部孔内装连接杆，与芯模相连，用螺母锁紧。连接杆下部伸入特制接头上孔内，用卡板锁死。下推拉板两头装有导向杆，平板上装有导向套。当油缸驱动芯模上、下运动时，在导向杆的作用下，不发生任何扭摆现象，动作非常平稳。

（6）水冷系统　水冷系统与前面单模浇铸机的水冷系统是一样的，选用管式电磁阀。由于双模浇铸机有两套芯模和两套上模需冷却，所以在上列水冷设计的基础上，再增加两个管式电磁阀和两路进、回水管即可。

（7）液压系统　液压系统都与前面所述单模浇铸机的液压系统相同，但要注意以下三点。

① 双模浇铸机虽然有两套芯模和两套上模，然而芯模和上模拔模都只各用了一套油缸，未增加油缸。通过下油缸拉动下推拉板，下推拉板上有两件接头连杆与芯模相连，能让一套油缸拔两套芯模。同样，上油缸也只拉动一块推拉板，推拉板两端各有两件小螺杆与两件上模相连。当油缸驱动时，可使两个上模同时开合模。

② 两套芯模有四件侧模，要使四件侧模开合模，必须配备四套小油缸来完成。因此增加了两个小油缸，液压管路也相应增加两路进、回油的油路，此外还需增加两个电磁换向阀。

③ 由于增加了油路、电磁换向阀，因此安装电磁阀的分油集成块也必须单独设计。由于有七个电磁阀，受浇铸机工作台高度所限，七个阀不能集中装在一块集成块上，故将集成块分成两件设计与制造。如图 2-19 所示，集成块可装 5 个电磁阀。另外一个集成块两个电磁阀，其长度短一些，其他尺寸与结构相同。

（8）安全防护装置　浇铸机工作台的前、后支撑板上各装有三套油缸，油缸的上面需安装防护罩，防止工作过程中各种杂物损伤油缸，又可防止操作者受管路和油缸所伤，起着双重安全防护作用。工作台的后侧两处装有分油集成块和电磁换向阀，这两处均需安装防护罩。

2.3.3　双模浇铸机模具

（1）双模浇铸机模具结构　一副双模浇铸机模具（图 2-20）具有两个型腔和四个销座孔，能装入四个销孔轴，能同时

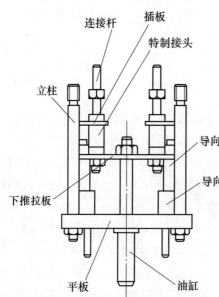

图 2-18　芯模下拔模机构

形成两个活塞的外形，应根据不同的产品设计出不同的型腔与销座的形状。整套模具各部分在油缸的驱动下进行开合模的运动。型腔模前进即合模，后退则开模；芯模上升为合模，下降则开模；向下为合模，向上则开模。冷却水道如图 2-21 所示。

（2）**芯模** 在一副型腔模内装有两套芯模。每套芯模有一件中心模，可通水冷却，可带动四件侧模共同组成芯模（图 2-22）。

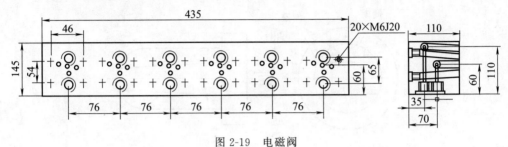

图 2-19　电磁阀

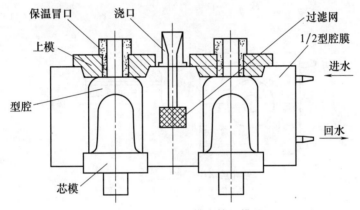

图 2-20　100 型双模浇铸机模具

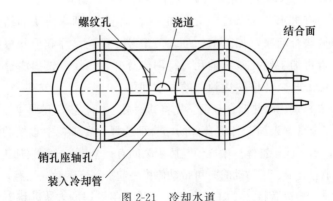

图 2-21　冷却水道

（3）**保温冒口** 如图 2-23 所示，两件上模的上部设计有保温冒口，并设计有冷却水道。

（4）浇道口及滤网　如图 2-20 所示，浇道口设计在型腔模的上部，过滤网安置在两半型腔模之间。从浇道注入铝水，通过过滤网后，从两侧内浇道分别进入两个型腔，同时形成两件活塞毛坯。

（5）模具材料　模具各部分的用途不同，材料选择也不同。

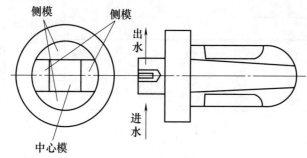

图 2-22　芯模

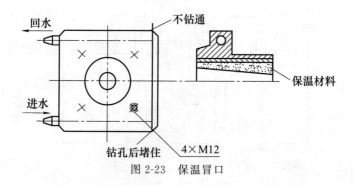

图 2-23　保温冒口

① 型腔模。型腔模是采用灰口铸铁先铸成毛坯，铸造时将事先准备好的冷却管放入其中，留有进水、回水管接头。加工时，先加工两半模块的结合面及定位止口，然后再将两块合起来，加工上、下端及型腔。型腔尺寸和形状根据活塞品种大小来确定。接着再加工销孔座芯轴孔，将两半分开，划线，铣出浇道和安放过滤网的部位。最后加工其余部位，达到图的要求即可。

② 芯模。芯模选用耐热低合金钢。先将其锻成小块毛坯，其尺寸按芯模各组合件尺寸并留出加工余量。先加工各组合件的结合面达尺寸要求，中心模的四个面都是斜面，上小下大，形成四棱锥体。中心模与侧模之间有一个隼头，侧模加工有斜槽，隼头伸入槽内。当中心模上、下拉动时，可带动侧模一起上、下运动。注意，中心模隼头与侧模斜槽暂不加工。然后将加工好结合面的五块，用锡焊的方法，将五件组合成一整体。接着车削和铣削加工芯模的外形，并进行打磨、抛光，修出过渡圆角等。当芯模外形达图要求后，采用加热熔去焊锡层，将五件分开。分开后，在中心模两侧加工螺纹孔

非标专机设计制造实用技术

并装上隼头，将侧模块按图加工斜槽。在中心模中间钻孔加工冷却水道，并装上进、出水管接头，最后加工下端的装连接杆的螺纹孔。全部加工完毕，则可装模使用。

③上模。上模选用碳素钢板、圆钢制成。钢板做上模本体，圆钢制冒口保温套。上模本体的形状是上方、下圆锥。首先铣出方块坯料，然后车削圆锥台和中心圆孔，接着钻冷却水道孔、螺纹底孔、攻螺纹，再安装水冷进、回水管接头。另用圆钢车制冒口保温套。将保温套装入本体上部，在套内填塞保温材料。注意填保温材料时，中心要留有下大上小的圆锥孔。

2.3.4　双模浇铸机的经济效益

双模浇铸机正常运行时，每台设备每小时可生产 66～70 件活塞毛坯。经生产实践核实每班可完成 500 件生产任务。如大批量生产，每天安排两班，每台设备日产可达 1000 件，按照每年 300 个工作日，则可实现年产量 30 万件。一台双模浇铸机与两台单模浇铸机的各项经济指标对比如表 2-2 所示。

表 2-2　浇铸机经济效益分析对照表

机型 指标值 项目内容	一台双模机	两台单模机	效益对比
设备投资自制成本费	9.8 万	18.4 万	节约 8.6 万
设备占用生产面积	18m²	36m²	节省 18m²
年产量（两班制）	30 万件	28.2 万件	增加 1.8 万件
年回收浇道口数量	15 万只	28.2 万只	减少 13.2 万只
再熔炼所需费用	11.25 万元	21.15 万元	节约 9.9 万元
年节约过滤网数	15 万片	28.2 万片	节省 13.2 万片
液压系统能源费用	0.84 万元	1.68 万元	节约 0.84 万
人工费用	1.32 万元/0.5 人	2.64 万元/人	节约 1.32 万元

从表 2-2 可以看出，双模浇铸机经济效益明显，然而对活塞生产而言，并非全部采用双模浇铸机，不用单模浇铸机。双模浇铸机的生产效率高，产品成本低，适合用于中等偏小一点的活塞大批量生产。单模浇铸机适用于大中型的带镍环镶件和冷却油道等复杂活塞毛坯的生产。

2.4　隧道式活塞预热炉

随着工业的高速发展，环保、高速、大功率的汽柴油发动机需求量越来越大，发动机的制造精度和使用性能的要求也越来越高。活塞是发动机最关键的零部件，没有高强度、高精度、适应高速运行的高质量活塞，就无法保证发动机的质量。高质量的活塞表面要求喷涂石墨层。石墨层可保护活塞表面不致与缸体内壁发生摩擦而损坏。如果石墨层与活塞金属体表面黏结不牢，容易磨损或脱落，则活塞的使用寿命大大缩短，容易报废。

为了提高活塞的使用寿命，需在活塞机械加工完后和表面喷涂石墨前，对活塞进行预热。活塞的预热温度需适当且均匀，否则就无法保证石墨层的牢固。从1976 年至 2001 年对活塞的预热主要是在电热烘箱内进行。将加工好的活塞，分批装入多台烘箱内，通电加热烘烤。由于烘箱容积有限，装入工件时层层堆放。箱内上、下、四周与中间，各处旳工件受热条件不同，工件的温度很难保证均匀。这样，多批次、多烘箱的装卸工件，无法保证活塞是否合格。此外，采用烘箱预热生产出来的活塞，使用中发生石墨层脱落的现象较多。活塞预热要求温度适当且均匀，需要每个工件在预热时的温度相同，时间相等，摆放状况一样，不受炉内位置和装卸先后顺序的因素影响。因此设计了隧道式预热炉和鳞板输送机配套使用。

2.4.1 活塞表面处理概述

活塞表面处理的目的主要是保护活塞受高温的部位和滑动的表面。

活塞的外圆与汽缸内壁一般不直接接触。因为在正常工作情况下，活塞的外圆与汽缸内壁之间有一定的间隙，间隙中有一层油膜，这层油膜起到润滑作用。一旦其中一件发生摩擦或变形，容易给另一件造成损伤，油膜层也受到了破坏。为保证活塞在汽缸中能正常工作，需对活塞的滑动表面进行很好的保护和防护。活塞的表面保护和防护，主要是通过一定的方法，使它的表面形成能自行防腐、自行润滑的特殊涂层。此涂层有金属与非金属，也有通过化学反应而形成的。金属涂层，可进行镀铬、镀锡或镀锌等；非金属涂层可进行喷涂石墨等；化学反应防护层可进行阳极氧化等。

防护涂层的选择，应达到以下几点要求：
① 涂层材料的润滑性能必须比活塞本体材料好。
② 涂层必须具有一定的抗磨性和韧性。
③ 防护层应具有一定的弹性，不至于因活塞的受热膨胀和受力推拉而脆裂。
④ 防涂层的熔点应尽可能高于基体熔点。
⑤ 防涂层应具有较强的蓄油能力。

2.4.2 磷化处理

活塞经机械加工合格后，对其全部表面需进行磷化处理。磷化是在活塞表面发生化学反应后生成防护层的一种化学方法，其工艺主要如下。

① 清洗。用汽油将活塞各部位铝屑、油污、杂物等洗涤洗净。

② 清洗。用三氯乙烯清洗环槽和销孔。

③ 预热。将活塞放入 50～55℃ 热水中，浸泡处理 1～2min。

④ 磷化。将活塞置于事先加热到 75～80℃ 的磷化液槽内，经 5～6min 处理，表面形成磷化层。要求磷化层厚度达 0.005mm 即可。

⑤ 清洗。在流动性较好的冷水槽中洗去表面残余磷化液，或用棉纱擦洗渣灰。

⑥ 清洗。在冷水中再清洗一次。

⑦ 吹干。用压缩空气吹干外表水分。

⑧ 烘干。将活塞装入烘干箱内，在 100～120℃ 下，烘烤 60～90min。

2.4.3 隧道式活塞预热炉

隧道式活塞预热炉（图 2-24）顶上是圆弧拱形，两端是进出口。拱形炉顶的一侧，装了一台轴流式通风机。风机下面是加热室，加热室内装两排共八根电热管。风机吹进去的风，经电热管加热后，由炉顶及两侧夹层空间进气口进入炉膛。在炉顶上等距离装了四个小吊扇，进去的热风经小吊扇搅和后，使炉内各处的温度均匀。炉体内层用不锈钢板制作，其他各处用普通碳素钢板和型材组焊而成。

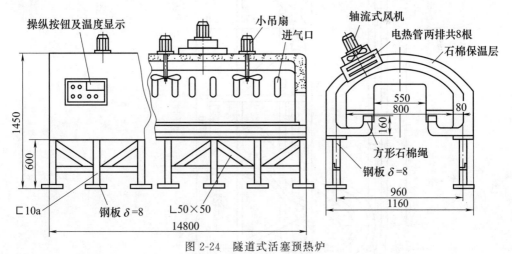

图 2-24 隧道式活塞预热炉

炉体上部两侧、两端及下部的两边用石棉设计成保温层。下部还有两条通长的、方形的石棉绳编织的盘根，可对鳞板输送机（图 2-25）的链板进行密封。每块链板都夹了一层石棉橡胶板，具有保温性能，炉内的热损失非常少。只要将炉温调整好后，

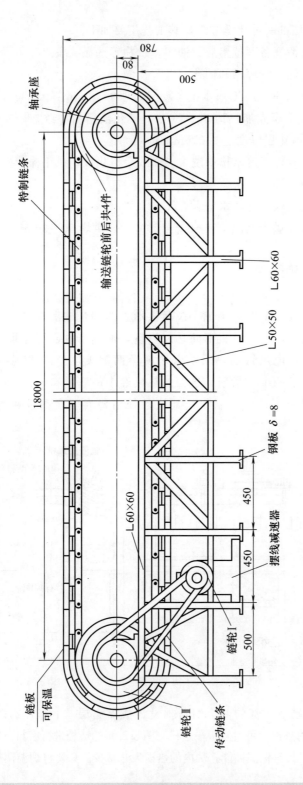

图 2-25 鳞板输送机

其炉内热量的90％以上可用于对活塞的加热，能量利用率较高。炉体的长度与输送机的运行速度，是根据工件预热所需时间而决定的。即输送机将工件从炉体一端的入口送入炉内，经炉温的预热从炉体另一端的出口出来时，所需的时间和工件的热度，正好符合喷涂石墨前的要求。注意，调整炉内温度时要按当时需要预热的工件大小来决定。预热炉使用过程中首先启动加热炉，两分钟后再启动输送机，接着将工件成排摆放在炉膛入口端外的链板上。摆放时注意活塞裙部向下，头部向上。这样所有的活塞受热均匀，时间相同，间隔距离相等，无其他任何因素相互干扰。每个活塞预热合格，从根本上保证了石墨层的粘合质量。

2.4.4 鳞板输送机

鳞板输送机（图2-25）是根据工件预热所需时间，加热炉炉膛的长度设计的，要使输送机的运行速度在经过炉膛长度所需时间正好符合工件预热所需的时间才能适用。例如，某活塞经周密计算，采用列若干参数。

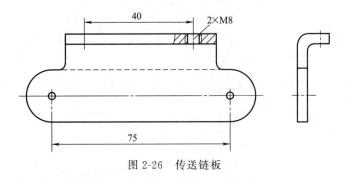

图2-26　传送链板

① 选用电机为600r/min。

② 行星摆线减速器的传动速比为87∶1。

③ 传动链轮1和2传动速比为1∶3。

④ 输送链板的传动链轮节圆直径为280mm。

在上述参数条件下，输送链板的移动速度为每分钟1.77m。即活塞从进入炉内经炉膛出来需约8min时间，符合产品工艺要求。

传送链板的链条如图2-26所示，在每一节的每一块外的链板上增加连接板，然后将保温链板两端固定在此连接板上，就能被带动运行。

可保温的每块链板（图2-27）由三层组成。上面一层是不锈钢板，中间一层是石棉橡胶板，下面一层是普通碳素钢板，用铆钉将三层铆合到一起。当上面工件受热时，其热量很少传到下面，有较好的保温效果。

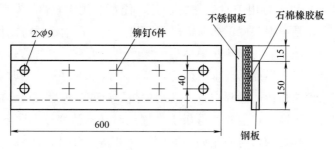

图 2-27　保温链板

机架是由角钢、钢板组焊而成的结构件。上部框架和立柱用 60 角钢，横斜连接用 50 角钢。每个立柱与地面接触处，用 8mm 厚的钢板做垫块，确保机架平稳落地。机架的前端装有两套轴承座、轴承、轴承盖、主传动轴。主传动轴上，装有主传送大链轮。机架的尾部也装有两套轴承座、轴承、轴承盖和被动轴。被动轴上也装有两件大链轮。在前、后大链轮上，装上特制链条，链条上又装上特制链板，就形成了一台特制的鳞板输送机。尾部的两个轴承座，可作纵向调整，能使传送链条松紧适宜。

带有电机的行星摆线减速器，装在机架前端的下部。减速器的出轴上，装一个小的链轮Ⅰ，主传动轴的一端，装有大一点的链轮Ⅱ。链轮Ⅰ和Ⅱ之间用传动小链条相连。通过这小链条就能带动传送主轴旋转，则可拉动特制链条及输送链板，使整台输送机进行正常工作程序。

2.5　隧道式活塞石墨干燥固化炉

当活塞预热和喷涂完石墨后，需对石墨层进行干燥与固化。如果仍然用容积有限的烘箱，活塞只能多层堆放，这样需要的时间长，生产效率低；且受热不均，石墨层的固化程度不一致。为彻底解决这个问题，在上述预热炉取得成功的基础上，根据活塞石墨层固化的工艺参数要求，再设计一台隧道式石墨层干燥固化炉（图2-28）。固化炉同样也配上一套加长的、有保温性能的鳞板输送机。

2.5.1　石墨喷涂

石墨是一种非金属润滑剂。将石墨喷涂在活塞的滑动表面上，作为活塞工作时

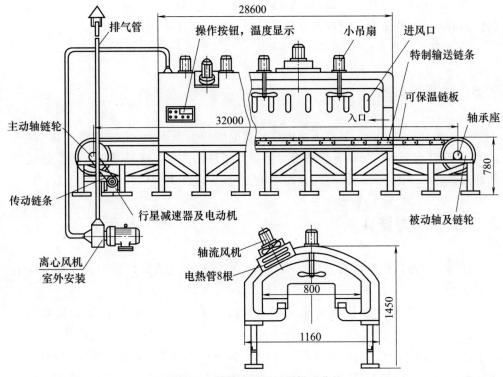

图 2-28　隧道式石墨层干燥固化炉

润滑材料添加剂，是提高活塞寿命行之有效的好方法。为保证石墨层能牢固地附在活塞裙部表面上，其表面应事先经磷化处理。

石墨喷涂工艺程序如下。

① 预热。如上节所述，将活塞成排摆放到缓慢运行的鳞板输送机上面，即送入隧道式的活塞预热炉。此预热炉经过炉温调整后，恰好满足活塞预热的时间和温度要求。活塞从炉体的进口端进入炉膛，不间断地向前运行。待从炉体另一端的出口处出来时，对它的预热温度和时间都达到了工艺要求。

② 涂料的配制。石墨粉 50%，水溶剂和环氧树脂 50%。混合后调拌均匀即可。石墨粉的石墨含量为 96%～97%，灰分不超过 3%～4%，水分小于 0.2%。

③ 活塞装挂。将活塞置于专用可旋转挂具上。

④ 喷涂。在专用设备上进行石墨喷涂，涂层厚度为 $15～25\mu m$。

⑤ 卸挂。将活塞从挂具上卸下后将其摆放到另一台较长的鳞板输送机的链板上。

⑥ 石墨层的干燥与固化。输送机链板上的活塞被缓慢送入专用的、隧道式的电热石墨干燥固化炉。不间断地向前运行，从炉体另一端出来时，石墨涂层的固化

已达到工艺要求。该固化炉以活塞石墨涂层的工艺参数（如电加热温度、烘烤时间和保温时间等）为依据进行配套设计的。

⑦ 冷却。出炉后在室温下自然冷却。

2.5.2 设计参数

按工艺参数要求，石墨层干燥固化需要的时间不少于16min。炉温可在100～200℃之间任意调整。操作者根据当时所处理工件的大小，灵活掌握。根据输送机的运行速度和炉内干燥所需时间，计算出这台炉的总长度为28.6m。

2.5.3 鳞板输送机

保温性能的鳞板输送机与前面第2.4.4中鳞板输送机的设计一样，具有以下特征。

① 鳞板输送机的运行速度是1.77m/min，输送机的有效总长度加长到32m即可。

② 由于炉体较长，炉膛空间容量较大，需分两段制造，到安装现场进行对接。每段设计一套电热管加热室，一台轴流式风机。风机将空气吹入加热室，预热后从进风口进入炉膛对工件进行干燥固化。

③ 炉体上部每隔3m距离装一台小吊扇，对炉内热空气进行混合，达到炉内各处受热均匀的效果。

④ 炉体内层用不锈钢板制作，其他部位用普通碳素钢板。炉体支架用角钢组焊成两排结构架，上端铺两条长钢板，托住炉体。此结构架每个立柱下端与地面接触处焊一块垫板，让整个炉体平稳落地，不需地脚螺钉固定。

⑤ 炉体上部、两侧、两端及下部两边，均设计石棉保温层。下部略向上的位置，安放了两条通长的方形石棉盘根，可对输送机链板的下面两端进行密封。输送机的链板本身具有保温性能。这样，整台固化炉的热损失很少。干燥固化效果良好。

⑥ 炉内加热时，产生的蒸汽水分，必须排出。在接近炉体出口部位，装有抽风管道与插板阀，用插板阀控制排风量的大小，通过离心通风机将炉内产生的蒸汽水分排入高空。

⑦ 操作十分简便。每次开炉时，先启动炉体部分，即有热空气进入炉膛。2min后再启动输送机，并将工件成排摆放到炉体入口端外的输送链板上，它可自动缓慢进入炉内。再过5min，启动通风机。停机时，同时关停即可。

2.5.4 经济效益

隧道式石墨层干燥固化炉输送链板的间距是 0.15m，输送机运行速度1.77m/min。这 1.77m 中包含有 11.8 个 0.15m，即每分钟可进入炉内 11.8 排活塞，每排 4 件，就是 48 件，每小时是 2880 件。每班按开炉 6h 计算，班产为 17280 件；若安排两班制，日产可达 34560 件。每年只按 250 个工作日开炉，就可完成九百多万件的生产任务。该设备投入使用后，活塞使用中石墨层脱落现象非得到了解决，产品质量已完全达到要求。

2.6 活塞半精车车床

高强度高精度铝合金活塞的半精车是一道较重要的加工工序。传统的普通车床加工操作较繁琐复杂，需要几次进刀、走刀、退刀，不好掌握控制尺寸，因此生产效率较低，质量很不稳定。大批量的产品加工，往往工序分得很细、很专业化。一台机床只加工一道或者两道工序，多台机床组成流水作业，共同完成全部加工工序，才能提高生产效率和保证产品质量。现设计一些专用机床来取代通用设备。活塞半精车车床的设计步骤如下。

① 首先确定该车床可承担哪些型号规格活塞的加工任务。根据活塞产品的结构尺寸、精度要求等确定该机床的操作、运行、动力来源，控制方式等要素。

② 经过对有关活塞产品的分析，确定该机床专门用来加工活塞外圆直径为 80～160mm 的半精车工序。加工余量 1～3mm 之间，加工完后，其尺寸精度控制在 0.1～0.15mm 内。

③ 机床主轴运转选用多速电机、V 带、皮带轮来传动主轴。电机上的皮带轮与主轴上的皮带轮的直径之比为 1：1.5。电机的速度可在 480～960r/min 之间调。工件直径大一些的选用较低的转速，工件直径稍小的可选用较高的转速。

④ 各进刀、退刀机构、溜板和尾顶尖的运作，均通过液压油缸控制。每台机床配备一套具有三四个液压回路的小型液压系统。

⑤ 机床外部加全封闭式的安全罩，切屑不向四处飞扬。该机床整体结构如图 2-29 所示。它由床头箱、V 带及皮带轮，床身及前、后床脚，中拖板、桥板、刀架，油缸Ⅰ、Ⅱ、Ⅲ，特制顶尖、尾座、防护罩等零部件组成，专用液压系统放在

防护罩之外。

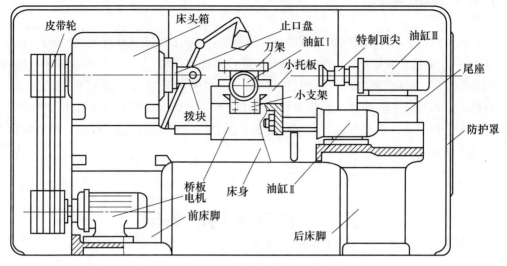

图 2-29　活塞半精车车床

2.6.1　床身结构

活塞半精车车床床身（图 2-30）是由床身本体与前、后床脚三部分组成。床身和床脚是强度、刚性、耐磨性较好的灰口铸铁铸造而成的大件，经人工时效处理后，在龙门刨床、导轨磨床、摇臂钻床上等经过十多道工序进行加工而成。床身的结构形式大致与普通车床床身相似，前段有精加工好的平面，可安装床头箱；中段有平导轨和三角导轨，可安装桥板；尾段导轨上可安装尾座。床身本体中段靠后，设计有专用平面，用来安装驱动桥板的油缸Ⅱ。床身本体与前、后床脚的结合，是用螺栓固定的，刚性较好。

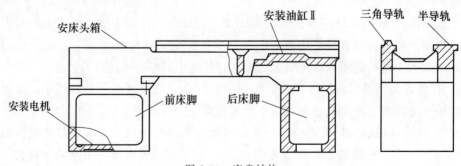

图 2-30　床身结构

2.6.2　拖板进刀机构

拖板进刀机构（图 2-31）由桥板、中拖板、支撑架、油缸Ⅰ、油缸Ⅱ、刀架、斜镶条、压板等零部件组成。桥板的上部有凸燕尾滑道，与中拖板的凹燕尾槽相配合，其精度间隙用斜镶条进行调整。桥板的下部有平面滑道和三角形滑道，可在床身导轨上很好的运动。桥板下面还设计了一条 25mm 厚的鱼腹筋板，筋板中间有一个专用孔，油缸Ⅱ的出轴可与之相连，由油缸Ⅱ推动和控制桥板的纵向行程。桥板前装有一个小支撑架，用来安装油缸Ⅰ。油缸Ⅰ推动刀架，各自作横向进给。

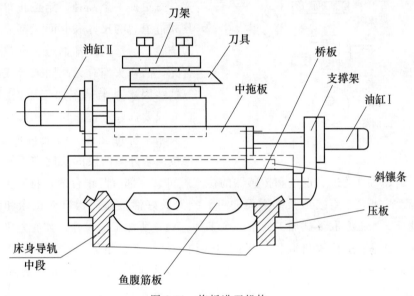

图 2-31　拖板进刀机构

拖板进刀机构的设计关键是要以床身平面导轨为基准，从桥板下面的平面滑道起，桥板的厚度加中拖板的高度，再加刀架装刀平面的高度，直至装好刀具，刀尖的高度要与床头箱主轴中心高度保持一致。注意从后面进刀的，刀尖应向下。

2.6.3　液压系统

液压系统与前述图 2-9 一样，由油箱、叶片油泵、滤油器、电动机、溢流阀、压力表开关、压力表、调压阀、调速阀、电磁换向阀、集成块、分油集成块、吸油管、回油管、出油管等零部件组成。油箱容量采用 250L（图 2-32），油压可达63kgf，有四套液压回路，可控制四个油缸的正常工作，整套液压系统由专业化液压件厂制造。原材料、各液压元件和管路元件的选配，生产工艺和技术处理，均符合设计要求。作好负荷试验，合格后即可使用。

2.6.4 使用及效果

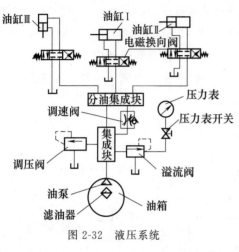

图 2-32 液压系统

在该机床上加工的活塞如图 2-33 所示。活塞尺寸范围变化较大，品种较多。不同品种活塞外圆直径大小的变化不是 1～2mm，而是大于 10mm 的改变。每更换一个品种，定位止口盘、刀具和进退刀的尺寸和时间，都要作相应的调整。活塞内冷却油道、高镍镶件的有无，活塞头部有无凸圆弧形或凸锥台等这些因素对半精车加工影响都不大。首先只要选好定位止口盘和拨块，装入床头箱主轴锥孔内，装上待加工工件，再按活塞外圆两段的长度和不同直径的尺寸，调好刀具的进、退位和传感器的位置就可。头部有凸锥台的，特制尖正好使用。若无凸锥台，直接顶头部平面亦可。接着关好活推拉门，启动机床和液压系统，进行试加工。取下试加工的第一个工件，检查所加工的尺寸。如有差别，需将有关的刀具进、退位置再调整一次；如试加工尺寸已合格即可投入批量生产。注意，每更换一个品种，都必须按上述方法对机床进行调整。该机床的操作程序如下。

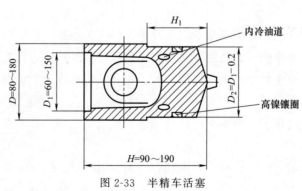

图 2-33 半精车活塞

① 活塞装夹。活塞由主轴前端的止口盘定位，尾座上的油缸Ⅲ前进，让特制顶尖顶住活塞头部凸锥台或平面，将活塞夹紧。关好活门，启动床头箱，活塞

旋转。

② 油缸Ⅰ进刀，平端面，退刀。油缸Ⅰ进刀到位，油缸Ⅱ推动桥板向床头纵向移动。油缸Ⅰ带动的刀架上装两把刀，可同时对工件外圆进行分段加工。有些产品此工序加工时，不需两把刀，则视情况而定。

③ 停机，推开活门，装卸活塞。整个加工过程完毕，约需 1min 6s。每班工作按 7h 算，每班产 380 件。安排两班制，日产 760 件。如果年工作日按 280～300天，每台车床可完成 21 万件～22.8 万件/年任务。工作效率高，劳动强度较低，产品质量有保障，经济效益明显。

2.7　活塞外圆及鼓包粗车车床

活塞毛坯铸造完后，带高镍镶件的品种周围区有一圈鼓包（图 2-34）。在粗车外圆之前，要先将这一圈鼓包车掉，而且要求车鼓包时，不能沿活塞外圆纵向进刀切削，必须横向进刀将它切除，到一定深度时立即退刀，然后再粗车外圆。这样才能保证不因加工震动而影响镶件的粘合程度。根据以上要求设计了一种活塞外圆及鼓包粗车车床（图 2-35），专门对活塞外圆及鼓包进行粗车加工。活塞外圆及鼓包粗车车床的设计步骤如下。

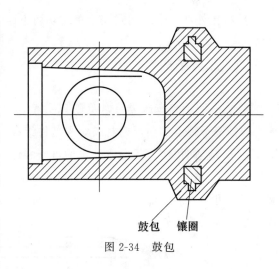

图 2-34　鼓包

① 首先确定该车床加工产品的尺寸范围，活塞外圆直径 80～200mm，加工余量在 2～4mm，尺寸精度控制在 0.2～0.4mm 以内。

② 机床主轴运转是电动。选用调速电机、V 带、皮带轮传动主轴。速度可在 300～800r/min 之间变动，不需众多的齿轮挂挡变速。工件直径大一些的，用较低的转速，直径小一些的用较高的转速，视情况而定。

③ 各进、退机构的运作，由液压油缸控制。每台机床配备一套具有 3～4 个液压回路的小型液压系统。

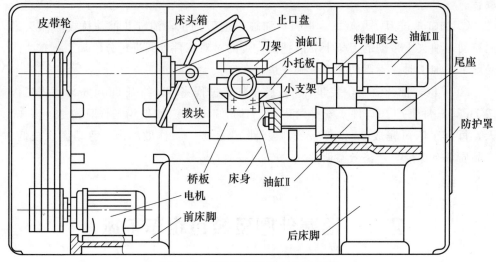

图 2-35　活塞外圆及鼓包粗车车床

④ 机床外部加全封闭式安全罩,切屑不四处飞扬。

2.7.1　床身结构

图 2-36 所示为车床类最常见的床头箱,由箱体、箱盖、主轴、双列短滚柱轴承、圆锥滚子轴承、前后密封盖等零部件组成。空心的主轴前段有内锥孔可安装专用夹具止口盘和拨块,后段有外键槽可安装传动皮带轮。前轴承可保证主轴径向精度,后轴承可防止轴向窜动。前、后密封盖,可防尘防漏油。箱体上结合面有凹槽,槽内可注入润滑油,放置油毛线,对两头的轴承进行润滑。箱体与箱盖用支耳和销轴连接,便于开合。

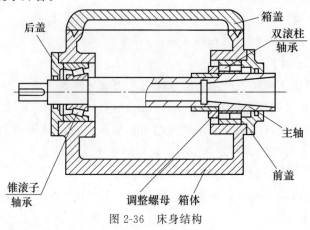

图 2-36　床身结构

床身和前、后床脚是强度和刚性都很好的灰口铸铁件，需经过人工时效和机械加工。具体结构与普通车床床身近似，但在中段靠后设计有专用平台，可安装油缸Ⅱ，床身与前、后床脚用螺钉固定，刚性较好。前床脚的端头与前侧面留有方框缺口，床脚内有平台，可将电动机安装于内，前侧方口用百叶窗板盖好。

2.7.2　拖板进刀机构

拖板进刀机构（图 2-37）与图 2-31 类似，由桥板、小拖板、小支架、油缸Ⅰ、油缸Ⅱ、刀架、插板、压板等零部件组成。桥板结构较复杂，上有凸燕尾滑道，可安装小拖板，下面有凹三角滑道和平面滑道，还有鱼腹形的加强筋板。筋板的中部有专用孔，可与油缸Ⅱ连接，在油缸Ⅱ的作用下，推动桥板在床身导轨上任意滑动。桥板的两端可安装小支架，油缸Ⅰ安装在这个小支架上。中拖板分两段制造，安装在桥板上，与凸燕尾相配。拖板上安装刀架。油缸Ⅰ和油缸Ⅱ分别带动前、后两段中拖板，也就是带动前、后两个刀架，作横向进给与退刀。

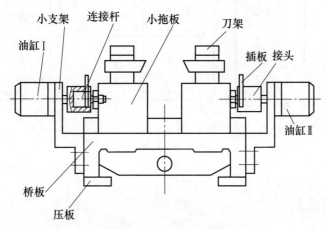

图 2-37　拖板进刀架机构

2.7.3　尾座

尾座（图 2-38）可在床身导轨上纵向移动，当位置调整好后，即可锁紧。尾座上平面可安装油缸Ⅲ。油缸Ⅲ的出轴带有内锥孔，可安装特制的顶盘。有些产品头部是平的，有些产品头部是带圆弧且有圆锥凸台，这种特制顶盘均可适用。

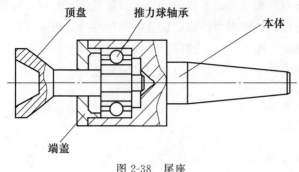

顶盘　推力球轴承　本体

端盖

图 2-38　尾座

2.7.4　防护罩

全封闭式的防护罩（图2-39）由三段制成。先做角钢框架，框架外包铁皮，两端和中段前面留出活门位置，三段中间用钢板隔开，不让切屑往两头跑。两端做合页门，中段前侧做上、下两层推门。打开前端活门，可调整修理或更换皮带。打开尾端活门，可调整尾座或修理油缸Ⅱ、Ⅲ。中段上推门，设计有透明视窗，操作可观察工件加工的全过程。待工件加工完毕，推开上活门，更换工件。推开下活门，可清扫切屑，十分方便。

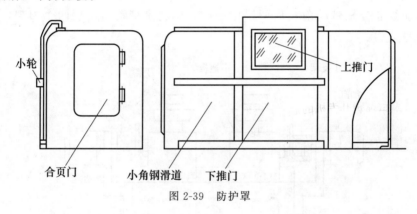

小轮

上推门

合页门　小角钢滑道　下推门

图 2-39　防护罩

2.7.5　液压系统

液压系统与半精车车床配用的液压系统（图2-32）完全相同，未另行设计。

2.7.6　使用及效果

① 工件装夹。工件由主轴前端止口盘定位，尾座上的油缸Ⅲ的特制顶盘顶住。启动主轴，由拨块拨动旋转。

② 油缸Ⅰ推动前刀架进刀切鼓包，到规定的深度即退刀。

③ 油缸Ⅱ推动后刀进刀到位，油缸Ⅱ推动桥板向床头移动，刀架上可装两把

刀，分段加工。

④ 停机，装卸工件。整个过程完毕，约需 1min 10s。按两班制安排生产，一台车床每年可完成 20 万～21 万件产品的加工任务。工作效率高，劳动强度低，产品质量好。

2.8 活塞粗镗销孔专机

在活塞加工的全过程中，共有 11～14 道工序。因品种不同，加工工序有差异。但不管哪种活塞，其中有几道工序是利用粗镗的销孔来拉紧装夹工件的。所以粗镗销孔是一道比较重要的工序。要求粗镗后的销孔，尺寸要稳定。销孔中心至裙部止口定位平面的高度尺寸要一致。这样，才能对后面的工序提供有利条件。

2.8.1 活塞粗镗销孔专机结构

活塞粗镗销孔专机的总体结构形式如图 2-40 所示，采取与活塞车床相类似的结构，由床身、床头箱、桥板、尾座等组成。然而，这些部件的功能和用途却与车床完全不同。床头箱主轴用来装镗刀杆，桥板上平面用来装工件定位止口盘和夹紧工件的夹具，尾座用来装工件定向机构。

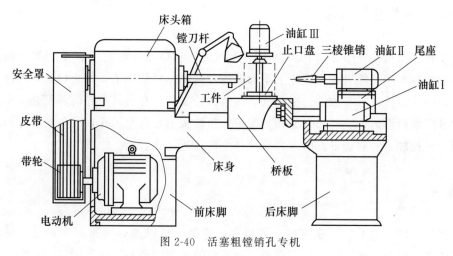

图 2-40　活塞粗镗销孔专机

（1）活塞装夹　活塞装在桥板上面的定位止口盘上。这个止口盘的大、小与高低必须根据活塞产品尺寸来设计。桥板上平面至床头主轴中心的高度，是一个设定不变的常数。产品的销孔中心至定位止口平面的尺寸是随产品的变化而变化的。要想使变化的数值能与机床给予的常数相符，只有设计止口盘时，变动止口盘的高度。也就是说，让止口盘定位平面至销孔中心的高度，再加上止口盘的高度，正好与机床桥板上平面至床头主轴中心一致。桥板上平面还装有两件小支柱，支柱上端架一块横钢板，横钢板上安装油缸Ⅲ。尾座上的油缸Ⅱ的出轴锥孔内装一件销孔定向三棱锥。将此三棱锥对准未加工的销孔，可以使销孔与镗刀杆在同一轴线上，不产生偏斜现象。此时让油缸Ⅲ向下运行，压紧止口盘上的活塞头部对工件实行夹紧，再将三棱锥退出，即可进行加工。

（2）镗孔　工件夹紧后，启动主轴旋转。指令油缸Ⅰ推动桥板向主轴方向纵向移动，镗刀杆及刀刃缓慢进入销孔，进行切削加工。待镗刀从活塞对面孔端伸出时，孔已加工完毕。油缸Ⅰ则拉动桥板向尾部复位，镗刀自行退出。油缸Ⅲ带动压盘上升，工件松夹。再更换一件，以此类推。

2.8.2　床身结构

床身结构与前述图 2-30 一样，由箱体、箱盖、主轴、双列短滚柱轴承、调整螺母、圆锥滚子轴承、前后密封盖等零部件组成。这个床头箱主轴前段锥孔是用来安装镗刀杆的，主轴后段可安装上皮带轮。皮带轮与电机轴上的下皮带轮直径大小相同，不需作变速处理。电机轴上的皮带轮通过 V 带，传动主轴作高速旋转。

2.8.3　桥板移动机构

桥板移动机构（图 2-41）由桥板、活塞定位止口盘、油缸Ⅰ、小支架、横钢板、油缸Ⅲ等零部件组成。桥板上平面结构较简单，只是装了一件止口盘，两件小支架，一块钢板，一个油缸。桥板的下面结构较复杂，有与床身导轨相配合的平面滑道和三角形滑道，还有加强筋和鱼腹板。鱼腹板中心有专用孔，可与油缸Ⅰ出轴连接。在油缸Ⅰ的驱动下，沿床身导轨作纵向往返运动。

2.8.4　尾座

尾座（图 2-42）由尾座本体、油缸Ⅱ、特制三棱锥销、锁紧尾座的压板螺杆及紧固件等组成。本体的下面亦有与床身配合的平面滑道和三角形滑道，可沿床身导轨作调整移动。尾座两侧下面装有压板和锁紧螺钉，待尾座调好后，可锁紧定位。

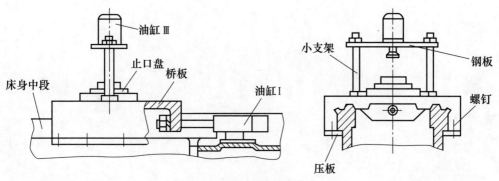

图 2-41　桥板移动机构

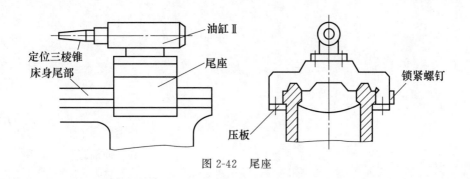

图 2-42　尾座

2.8.5　液压系统

　　液压系统的结构与图 2-32 一样，由油箱、叶片油泵滤油器、电动机、溢流阀、压力表、压力表开关、调压阀、调速阀、集成块、分油集成块、电磁换向阀、吸油管、出油管、回油管等零部件组成。油箱容量为 250L，具有三套液压回路，可控制三个油缸正常工作。

第3章

起重机的设计与加工

3.1 桥式起重机

3.1.1 主梁

桥式起重机，又名斗天车或行车，是各工厂中最常用的主要起重设备。桥式起重机的大梁像一座桥梁一样。起重机主桥梁，有单梁和双梁之分。桥梁的跨度各有不同，起重吨位大小不等。我国企业用的传统的桥式起重机是沿用前苏联20世纪二三十年代设计的资料制造而成。如图3-1所示，焊制这样的箱式梁难度非常大，焊接工程量很大。首先要求先用矫板机将钢板矫直、矫平，然后要求有大型的焊接平台和专用夹具确保焊接后不变形，此外，还要求用多台焊机对相应的两条焊缝同时进行分段焊接，每两台焊机的焊缝厚度和焊条运行速度要一致，做到同时点火和停火。

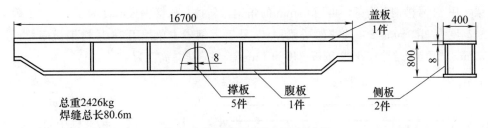

图 3-1　传统桥式起重机的箱式梁

后来随着中苏关系恶化后，自制桥式起重机走自力更生之路迫在眉睫。20世纪70年代，为解决箱式桥梁焊制难度大的问题，在铁路桥梁设计师们的启示下，设计了用型材如工字钢、槽钢、角钢等组焊而成的花架桥式起重机主梁（图3-2），设计并制造了可以承载10t 16.5m跨度的桥式起重机。用工字钢作为主梁的主体，工字钢下面用槽钢做附梁，再用角钢、钢板连接斜拉附梁有关部位，使之增加桥梁的强度，并分散主梁的局部压强。整个花架梁没有一条长焊缝，所有焊缝都在0.5m以内。这样分散的局部短焊缝，对花架主梁和附梁不可能引起变形。

起重机的标准跨度，即厂房两边行车轨道的中心距离，是根据厂房的宽度而决定的。标准跨度有10.5m、13.5m、16.5m、20.5m等。起重机吨位：双梁的有100t、80t、50t、30t、20t、15t、10t、5t等，单梁的起重机吨位有1t、2t、3t、5t

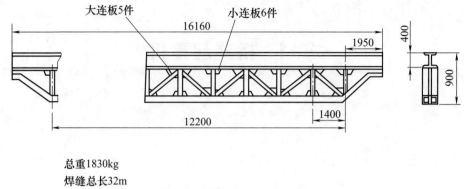

大连板5件　　小连板6件

16160

1950

400

900

12200

1400

总重1830kg

焊缝总长32m

图 3-2　花架桥式起重机主梁

等。双梁起重机又分单钩和双钩两种。单钩型就是一台起重机只有一套卷扬升降起重机构，带动一个吊钩起落。双钩型的有两套升降起重机构；主钩用来吊运重负荷的起重物，副钩可吊轻一些的工件，或协助主钩一同使用，将工件放倒或翻边。

通过计算得知，承载 5t 的花架桥梁可选用 30 号工字钢做主梁，用 10 号槽钢做附梁，再用 50mm 的角钢做斜撑，连接钢板厚度为 8mm，主梁加附梁总高度为 700mm。10t 花架桥梁选用 40 号工字钢做主梁，用 12 号槽钢做附梁，再用 63mm 的角钢做斜撑，连接钢板厚度为 10mm，主附梁总高度为 900mm。15t 的花架桥梁用 40 号工字钢做主梁，用 14 号槽钢做附梁，再用 63mm 的角钢做斜撑，连接钢板厚度为 12mm，主附梁总高度为 1100mm。20t 的花架桥梁用 45 号工字钢做主梁，用 16 号槽钢做附梁，用 70mm 的角钢做斜撑，连接钢板厚度为 12mm。主附梁总高度为 1200mm。

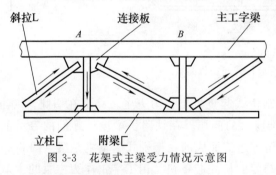

斜拉L　　连接板　　主工字梁

A　　　B

立柱匚　　附梁匚

图 3-3　花架式主梁受力情况示意图

在进行计算之前，要先对花架梁各部位受力状况进行分析（图 3-3）。双梁起重机中每一根花架梁所承受的负荷是该起重机额定最大吨位再加整个小车自重的二分之一，再加上惯性力矩和再乘以安全系数则可。当最大负荷接近或集中于 A 点时，主工字钢梁、槽钢附梁的立柱、附梁槽钢均承受弯曲力。A 点以下角钢斜撑则担负着分散压强的作用，同时也承受弯曲力。当最大负荷接近或集中于 B 点，B 点以下的立柱槽钢和附梁槽钢则与 A 点以下部位受力相等。而 B 点下部的斜撑则受到拉伸力。由于小车在主梁上面不断运行，载重负荷则随之不断的移动，主梁各部位受力状况不断的变更。但不管如何变化，只要能承受住最大载荷加惯性加安全系数等因素的需求，而且在超额定负荷 25％静载试验下，大梁的下挠度，即向下弯曲，不超过该起重机跨度的 14%，持续 20min 后，卸去负荷，大梁又能恢复原位。说明该起重机的大梁设计与制造能满足其强度、刚性、弹性的需求，是实践证明的合格产品。

3.1.2　驱动机构

传统桥式起重机的驱动机构（图 3-4）由电动机、制动轮、制动器、联轴器Ⅰ、减速箱、联轴器Ⅱ、传动轴、角形轴承座、轴承、轴承盖、车轮轴、车轮等零部件组成，其结构复杂又笨重，零件的加工与制造也较困难，造价也较高。如大车轮，直径达 500mm，单重达 250kg。还有角形轴承座，从铸造到加工也较复杂，该运行机构全部零部件总重达 730kg。

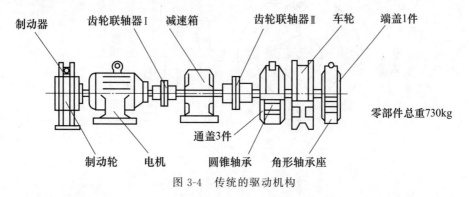

图 3-4　传统的驱动机构

为解决这些问题，对驱动机构进行了创新设计（图 3-5），具有如下几个特点：

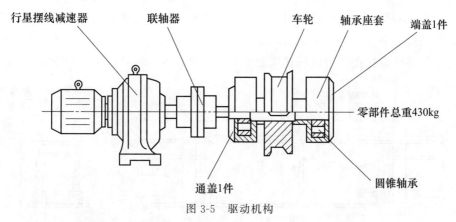

图 3-5　驱动机构

① 减小车轮直径。由原设计的 500mm 改为 350mm。制造简单，运行相对平稳，减小传动力矩。

② 选用行星摆线减速器，其体积小，重量轻，传动比大，效率高，自锁性能

好，惯性小，不需要配制动器刹车。

③ 去掉原设计中的制动轮、制动器和两套较复杂的齿轮联轴器，将电动机直接固定在行星摆线减速器的输入端即可。

④ 将角形轴承座改成简易的轴承套座（图3-6），直接固定在端梁两头装车轮的相应位置即可。

驱动机构经上述优化设计后，一台车两套主动轮、两套被动轮，共减轻自身重量达980kg。

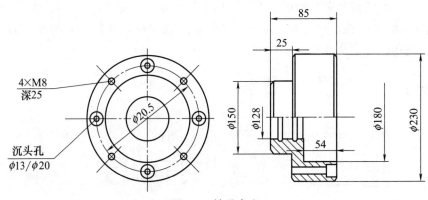

图 3-6　轴承套座

3.1.3　端梁

与桥式起重机主梁两端相组合，直接在轨道上行走的横梁，称之为端梁。传统设计的端梁为适应远途运输分两段制成，运到使用现场后，再进行整体组合。新的设计是将端梁直接在使用现场整体制造，不需要运输，其具体结构如图3-7所示。

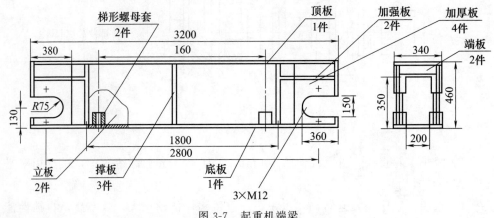

图 3-7　起重机端梁

端梁的主体为箱式结构，其基体用料是 8mm 厚的钢板，为了承受车轮的载荷，在两头增加了 20mm 的厚板。为安装车轮和以后修理时拆卸车轮方便起见，端梁的端头各留出一个 350mm×200mm 的缺口；端梁底板的两头也留出 360mm×200mm 的缺口。在底板上焊了两个梯牙螺母套，此螺母套的对应位置的顶板与底板都留有通孔。必要时可用一件梯牙顶丝杆，插入顶板孔中，拧入螺母，再通过螺母穿过底板，直接顶在行车轨道上。用一个顶杆，可顶起一个车轮，如同时用四个顶杆，可将整台起重机顶起来，四个轮子都悬空，可任意对车轮进行拆装。

3.1.4 现场制造

（1）花架主桥梁的制造 起重机的桥梁是整台起重机最重要的组合结构件。桥梁的强度、刚性、弹性值都必须达到要求。起重机制造完后，桥梁必须带有一定的拱度，其拱度值是本行车跨度的千分之一。即起重机跨度为 16.5m，上拱度值不小于 16mm；若跨度是 13.5m，上拱度值不小于 13mm，以此类推。

当起重机制造安装完后，必须做超额定负荷的 25% 进行试验。如 10t 起重机要进行起吊 12.5t 试验；20t 的起重机要进行起吊 25t 试验。在超负荷情况下，测量桥梁的下沉挠度向下弯曲值不超过跨度的 1.4%，持续 20min 后，卸去负荷，桥梁又能恢复原拱度。如能恢复原拱度，说明其刚性、强度、弹性均较好。在超负荷情况下，如果下沉挠度大于跨度的 1.4%，说明桥梁刚性不足，弹性有余；如卸去负荷后，不能恢复原拱度值，说明该桥梁强度不足。必须采取措施进行加固。加固的方法就是在两根主工字钢立板的两侧加一些加强筋板，绝对能收到良好的效果。加固完后，再如上所述进行超负荷试验，达到合格即可。

花架梁的上拱度和下挠度靠制造时的技术和工艺方案来保证。

① 根据钢材热胀冷缩原理，制造时第一步就采取措施对主梁上部的大工字钢进行局部热胀冷缩处理（图 3-8）。先将大工字钢两头各垫一块槽钢料头，使之离开地面 50～60mm，接着对工字钢上部虚线倒三角形处，分几处进行局部加热。用气割枪火焰加热到透红色时，迅速浇水冷却。因加热着重在倒三角上部，冷却时上部收缩得多自然产生较大的拉力。如此加热 5～7 处，即将工字钢拉出一些向下弯曲的弧度。当加热并冷却 5 处后，在工字钢上平面纵向中心拉一根线，两端与工字钢贴住绷紧，在工字钢的中间位置，测量一下这根线离开工字钢中部上平面的距离是多少。如果测出的数值已符合桥梁上拱度要求或略有超过，则不再进行加热。如不足，可再增加两处加热冷却即可。

② 将各连接板、立柱槽钢、斜拉角钢，按各自的尺寸、形状，如数下好料，去除切割余渣。

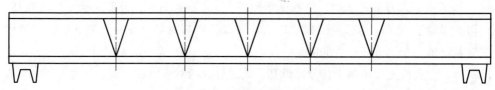

图 3-8　大工字钢局部热胀冷缩处理

③ 在工字钢上平面划一条中心线，量出各连接板的相应位置。注意连接板有大小之分，不要弄反。最中间位置是一件大的，然后是一件小的，再按照一大、一小分别就位焊牢。

④ 首先将每两件立柱槽钢立扣在连接板两侧并点焊；接着在立柱槽钢上部放入相应连接板两侧并点焊。

⑤ 将附梁槽钢扣在立柱的上连接板两侧，点焊固定，弯下两头倾斜部分与大工字钢相连。

⑥ 首先将各斜拉角钢就位点焊，然后将各点焊的焊缝全部焊完。去除焊渣，检查各焊缝质量。必要时可进行局部补焊。

⑦ 待主梁翻转方向与端梁对接组合后，将方钢就位于主梁纵向上平面中心，分段焊牢固定。

（2）花架主梁与端梁的组合　花架主梁与端梁的组合工艺步骤如下。

① 在地面上铺放两根钢轨，长度为 4～5m，钢轨下垫四副调整垫铁（图 3-9），接着用方箱水平仪将钢轨调平，垫平后，垫铁采用点焊定位，使轨道保持水平状态不变。

② 在离开第一根导轨 16.5m 的位置，又放一根钢轨，使之与第一根钢轨平行，用同样方法调好水平。这样两条平行且等高的水平钢轨的上平面，自然形成了一个空间大平台。在这个大平台上进行主梁与端梁的组合，就不会产生扭曲、翘角等变形现象。

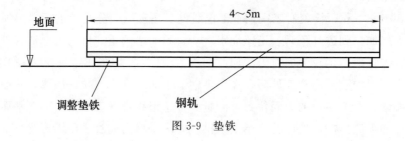

图 3-9　垫铁

③ 将端梁上下倒置放在钢轨上（图 3-10）使端梁纵向中心与钢轨中心一致。在端梁两侧用角钢撑住并点焊固定，端梁两头与钢轨接触处也点焊定位。

④ 在另一根水平钢轨上，安放另一个端梁，使之与第一个端梁对齐又平行。如图 3-10 中虚线所示，用测量两个端梁之间的对角线和平行线的方法进行找正后，用上述同样方法予以定位。

⑤ 将一个花架主梁上下倒置，吊放在两个端梁之间，主梁的两端与端梁的内侧相接触，对好位置线后点焊固定。

⑥ 将另一个花架主梁就位，用同样方法对好位置，使两个主梁平行且符合设计距离，再进行点焊固定。

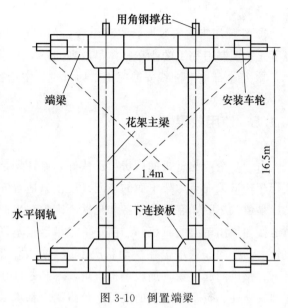

图 3-10 倒置端梁

⑦ 将下连接板 4 件，分别放在主梁与端梁结合处，点好定位。

⑧ 将对接处全部焊缝进行牢固焊接。

⑨ 在端梁的相应位置，安装好四套车轮、车轮轴、轴承座轴承、轴承盖等零件。

⑩ 铲除端梁与钢轨的焊点，去掉各斜撑的角钢。用汽车吊将此大组合件翻转来，使两个主梁的腹梁直接落到地面上即可（图 3-11）。

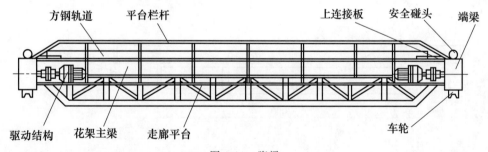

图 3-11 腹梁

⑪ 将下好料的上连接板 4 件就位焊牢。

⑫ 将两根方钢置于两个主梁纵向中心位置，使之平行且符合小车轮距尺寸，对称分段焊牢。

⑬ 在组合体两侧，按图制作平台走廊及栏杆。

⑭ 安装车轮驱动机构。

⑮ 除焊渣、去毛刺、喷涂油漆。

⑯ 在使用工房安装时，先将组合好的起重机驱动机构吊放到行车轨道上，再将事先按图制造完工的小车整体吊放到大桥梁上。

⑰ 待全部电气配线安装完毕，即可进行空运行试验、常规负荷和超负荷试验。

3.1.5 使用效果

由于某企业起重机的厂房早已建好，原计划是安装单梁起重机的，所以厂房内从行车轨道顶面至房架下面的空间高度，只适合安装单梁起重机。此外，该厂房的设计是铸铁车间，有辗砂设备和化铁小高炉，生产时的铁水熔液需用这一台起重机吊运。如果用单梁起重机，则由于单梁吊运很不平稳，单桥架与电动葫芦运行中产生较大的摆动。铁水包在摆动状况下运来运去，很不安全。另外，该厂房是按 5t 以下起重机的起重量，加起重机自重，不超过 10t 而设计的。若超过 10t，厂房的基础、立柱、行车轨道下的混凝土鱼腹梁，都承受不了这么重的负荷。国内当时根本没有起重 5t 以下，自重又轻的双梁桥式起重机。

根据上述企业的特点，设计了一种特殊结构的花架双梁桥式起重机。该特殊结构的起重机，尽一切可能降低各部位的高度和重量。如图 3-12 所示，将端梁设计成两头高、中间低的形状。设计端梁，主要是为降低主桥梁上平面的高度。端梁下面用 25 号槽钢与主梁对接，两头上部用 20 号槽钢来承载大车车轮的负荷，再用撑板与上面的钢板将这些槽钢连成整体。该端梁总重量轻，但承载能力可满足需要。

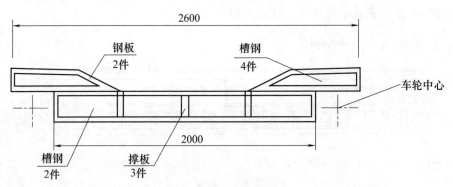

图 3-12 起重机端梁

此外，减小车轮直径、桥梁设计成花架鱼腹梁、小车车体高度和车轮直径都减小。有关部位降低和缩小后，为确保其起吊重量，就设法加一些筋板斜拉杆来满足其刚性和强度要求。大车花架梁（图 3-13）选 25 号工字钢为主梁，主梁的下面用 10 号槽钢做立柱和附梁，再用 50 的角钢做斜撑，用 6mm 厚的钢板做各处连接板。

这样设计自重较轻，承载能力良好。

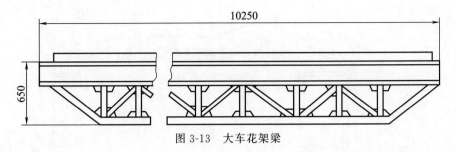

图 3-13　大车花架梁

这台特殊结构的起重机设计额定负荷为 4.5t。制造安装完后，作超负荷试验，吊 5t 货物，并检测桥梁的强度、刚性和弹性，其结果非常理想，均达到设计要求。

根据使用者的要求，先后为其他几个企业设计并制造了四台 5t、跨度 13.5m 的花架梁桥式起重机。投入使用前，都经过超负荷 25％ 试验，测量的大梁架的强度、刚性和弹性均符合设计要求。这几台花架梁新型起重机已经使用了二十多年，直到如今也未发生任何问题。此后，为东莞市两家大型的模具厂设计并制造了一台 20t、跨度 10.5m 的花架梁桥式单钩起重机，三台 10t、跨度 13.5m 的，六台 20t、跨度 13.5m，一台 30t、跨度 13.5m 的花架梁桥式双钩起重机，为用户节约了数十万元的设备投资费用，目前也使用了十年，至今未发生任何问题。

3.2　轻型塔式起重机

3.2.1　轻型塔式起重机的特点

轻型塔式起重机（图 3-14）（tower crane，简称塔机，亦称塔吊）是用来建造八层以下非电梯楼房的施工物起重的结构简捷轻便型的起重机。我国一线城市建设由于地皮紧张，房屋建筑向高空发展，到处都是如雨后春笋般拔地而起的电梯高楼。然而，占全国人口百分之六十以上的广大农村、乡、镇、县城等的建筑主要集中在八层以下的非电梯房屋，轻型塔式起重机的设计与制造就是为了满足这些楼房的建筑而创造良好条件的。

轻型塔式起重机由平板电动车、塔身架、悬臂吊杆、配重水箱、吊钩升降卷扬

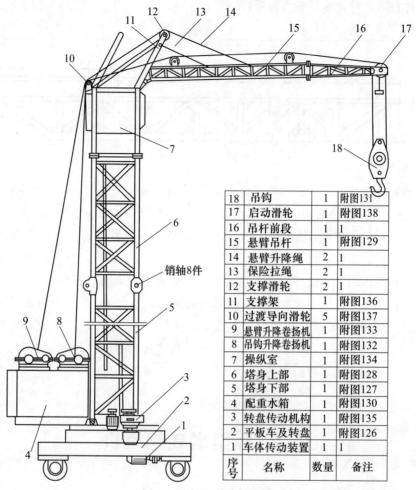

18	吊钩	1	附图131
17	启动滑轮	1	附图138
16	吊杆前段	1	1
15	悬臂吊杆	1	附图129
14	悬臂升降绳	2	1
13	保险拉绳	2	1
12	支撑滑轮	2	1
11	支撑架	1	附图136
10	过渡导向滑轮	5	附图137
9	悬臂升降卷扬机	1	附图133
8	吊钩升降卷扬机	1	附图132
7	操纵室	1	附图134
6	塔身上部	1	附图128
5	塔身下部	1	附图127
4	配重水箱	1	附图130
3	转盘传动机构	1	附图135
2	平板车及转盘	1	附图126
1	车体传动装置	1	1
序号	名称	数量	备注

销轴8件

图 3-14 轻型塔式起重机

机、悬臂升降卷扬机、操纵室、转盘传动机构、支撑架及支承滑轮、吊钩组合等零部件组成，具有如下几个特性。

(1) 简捷轻便，十分敏捷、轻巧、方便。结构较简单，不必解体零部件，就可以整体搬运到工地上。只要在工地上离建造的楼房 3～4m 远的距离铺上钢轨，将整体放到其钢轨上，接通电源，即可在自身卷扬机的作用下，可将塔身立起，悬臂吊杆复位，再将配重水箱的水加满，很快就能运作。

(2) 设计和用料较经济实惠，成本不高，造价较低，是中、小型建筑公司承接八层以下楼房的建筑，最受欢迎的起重设备。

(3) 在主塔身后部设计了一个大水箱，箱内可装 3t 多水。水是用来配重的。加上水箱自重及安装在水箱上的两台卷扬机，共重 4t 多。水可随时就地取用。当这台起重机需要运送到另一处施工场地时，将水箱内的水放出来，设备总重就减轻了 3t。一辆汽车就可全部装运。

起运及装车具体操作如下。

① 将吊钩升起到最高点。

② 卸下保险拉绳，将悬臂吊杆下降到最低点，令其下垂靠在主塔身前侧。

③ 使用简易抱箍将悬臂与塔身抱紧固定。

④ 卸去塔身后下部的两件连接销轴，注意前面的销轴不动。

⑤ 继续放松悬臂起落的卷扬机的钢索。因悬臂的重量是挂在塔身的上半部分，所以塔身向前倾斜，直至放平为止。

⑥ 卸去塔身中段靠前的两件连接销轴。此时用汽车吊将塔身上半部及悬臂挂牢，汽车吊与悬臂升降卷扬机同时配合运作，将塔身上半部分，折翻到平卧的塔身下部的上面，且加以固定。用汽车吊将整台塔吊装在汽车上，当绑牢固定后，即可运走。

⑦ 到了施工场地，先将整台塔吊放到事先铺好的钢轨上，再按上述第六至第一步的方法反其道而行之，将拆去的销轴装好，将放倒的塔身立起来，将放下的悬臂升起复位，装好保险拉绳，即可再进行工作。

（4）操纵室设在塔身的上部，可随塔身旋转。操纵室的前方和左、右侧设计成活动式的金属框架透明防震钢化玻璃窗户。操纵室可随塔身旋转，视野开阔。

（5）当塔吊需要在同一施工区域移到另一待施工的楼房旁边时，可利用本塔吊自身的起重吊钩，将塔身后面的钢轨一节一节整体吊到前面，铺平连接后，该塔吊即可往前运行一段距离。如此反复，塔吊就移到了新的工作地点。近距离移动，均可照此办理。

3.2.2　平板电动车

平板电动车是整台塔吊起重机最主要的部件，它承担着塔吊的全部构件的重量再加塔吊起重物的重量，还要在沉重的负荷下平稳地往来运行，此外，还要有加倍的安全系数，因此必须具备良好的强度和刚性。

车体部分及转盘机构如图 3-15 所示。车体骨架用 20 号槽钢组焊而成，纵向长度 3.5m，横向宽度 2.4m。车轮长度方向距离为 3.1m，宽度方向距离为 1.8m。槽钢框架上平面，铺 10mm 厚的钢板。钢板中心处留出直径为 1.8m 的圆孔，用来安装转盘。塔身和配重水箱都安装在这个转盘上。车体下部有轴承座、轴承、轴承盖、车轮、轮轴等零部件。一共四套车轮，有两套被动轮，两套主动轮。主动轮由一套传动机构驱动，可带动车体及整台塔吊在钢轨上运行。

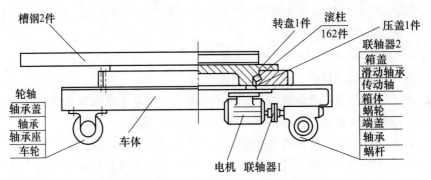

图 3-15 平板电动车车体部分及转盘机构

车体传动机构安装在车体下面，由电动机、联轴器Ⅰ、蜗杆、蜗轮、轴承、密封盖、蜗轮箱体、滑动轴承、箱盖、联轴器Ⅱ等零部件组成。电动机选用 4kW，转速为720r/min；蜗杆蜗轮的传动速比为 1：40；车轮直径为 300mm，车体运行速度每分钟为 17m。

转盘机构由大齿圈、转盘、下压盖、滚柱轴承、内六方螺栓等零件组成。大齿圈的齿数是 153，模数是 15mm。大齿圈外圆直径 2325mm，是一件典型的大模数、大直径的齿轮圈。后面第 5 章将对在卧式镗床上加工大模数、大直径的齿轮圈和在摇臂钻床上磨削加工大直径轴承环形辊道进行详细介绍。大齿圈用内六方螺钉固定在车体平面上，在齿圈内环形辊道上摆放 162 件直径为 35mm、长度为 50mm 的圆柱轴承，加适量的润滑脂后，将转盘放入大齿圈孔内，由整圈滚柱轴承托住，能非常灵活的旋转，再在转盘的下端面装上压盖密封即可。压盖是用螺钉固定在转盘下面，可随转盘一起旋转。转盘上平面有 4 个小支座，用来安装塔身；两根侧卧的槽钢，用来安装配重水箱。

3.2.3　塔架结构

塔架（也称塔身）是该塔式起重机最庞大的型材组合结构件，总高度达 18m，分两段制造，两段的结构大致相同，只是上、下两端的连接方式有所区别。

如图 3-16 所示，塔身下段长度为 9.5m，首先选用 4 根 8 号角钢为主料，分布在 4 个角作为要支柱，再用 5 号角钢四面每隔 0.8m 进行横向连接，即连成了一段整体塔架，然后再用 5 号角钢在四面的每格中作斜撑加固。组合时一定要控制四个面的相互垂直性，不能产生歪扭现象。要将所用的大小角钢都点焊到位之后，形成了互相牵拉之势，才进行全面焊接，可避免焊接过程的变形。全部焊缝都焊完之后，在上、下四个角的相应位置添加支撑板，且焊牢。最后划线，确定连接孔的位置，钻、铰连接孔。

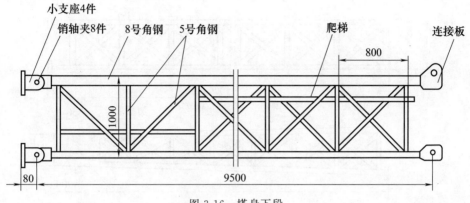

图 3-16　塔身下段

注意，塔身最下一格的一侧不用斜撑角钢，留一个门框，方便操作者出入。塔身的后侧制作一个爬梯，可通操纵室。爬梯可用 3 号角钢和直径为 15mm 的圆钢制成。

塔身上段如图 3-17 所示，长度为 8.5m。塔身的选料及制作方法，与塔身下段所述基本相同，只需注意两头的连接部位按图所示制作即可。

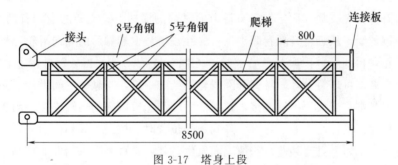

图 3-17　塔身上段

3.2.4　悬臂吊杆

悬臂吊杆如图 3-18 所示，总长度为 14m，选用 5 号角钢为主料，分布在四个角作为主要支柱，再用 4 号角钢四面横向连接与斜撑，做成 500mm 的四棱花架结构悬臂。悬臂的后端与塔身上横档上的支座，以销轴的形式连接。将悬臂的前段 4m 长的一段制成四棱锥形结构架。最前面 350mm 的两侧用 8mm 的钢板加固，且在钢板上按图尺寸要求钻铰两个通孔。一个孔安装滑轮轴及滑轮，另一个孔装一件小轴，用来固定吊钩钢丝绳绳扣。

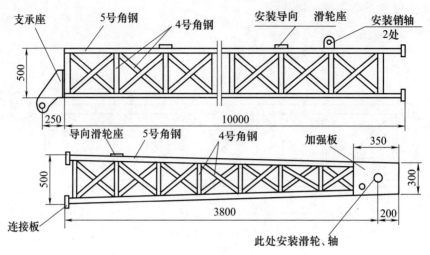

图 3-18　悬臂吊杆

　　悬臂的上方装有三个导向滑轮座，吊钩升降钢丝绳经过导向滑轮后，才能与最前端的滑轮及吊钩滑轮连成传动链。在吊钩升降卷扬机的作用下，吊钩可随之升降。

　　悬臂的中段作适当的加固后，装上两个小支承座，该支座上的小轴，可用来固定悬臂升降的钢丝绳扣。

　　悬臂升降滑轮支架，固定在塔身最上面靠前的横档上。支架的上端有两个滑轮。悬臂升降钢丝绳，从悬臂升降卷筒出发，先经过塔身上端靠后的导向滑轮，再到支架上端的滑轮，再到悬臂中段与悬臂连接，才能构成传动链。当悬臂升降卷扬机启动时，整个悬臂即可任意升降。悬臂升降滑轮支架的中段，与悬臂之间设计了两根保险拉绳。拉绳上端与支架用销轴连接，拉绳的下端与悬臂两侧的销轴连接。当悬臂上升时，不因拉绳而受任何影响。悬臂下降到水平位置时，拉绳正好到位而绷紧，控制悬臂不能再下降了。一旦有某些特殊情况而发生意外，悬臂升降机构不能控制悬臂的升降时，此时拉绳就起到了保险作用，不使悬臂跌落，避免重大事故发生。若无此拉绳，悬臂则会迅速跌落而发生重大事故。当塔吊需运往其他施工场地时，先拆掉保险拉绳上部的连接销轴，将悬臂放下来，接着按前面所述操作即可。

3.2.5　配重水箱

　　配重水箱如图 3-19 所示，长×宽×高为 $1.6m \times 1.4m \times 1.5m$，容积为 $3.46m^3$。水箱内部用 10 号槽钢和 5 号角钢先做成框架，外部用钢板包起来。底钢板厚度为 5mm，四周钢板厚度为 4mm，顶平面钢板厚度为 6mm。由于有两套卷扬机安装在水箱上面，水箱上平面靠后做一个活门，一方面可从此处向水箱内灌水；另一方面可方便对水箱内部进行清洗。水箱的后侧装一个放水阀门，不需要配重时，可将箱内之水放出。

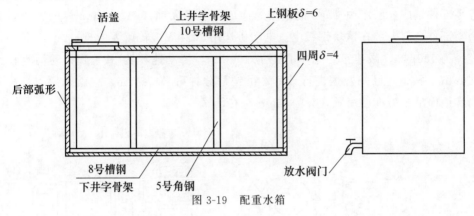

图 3-19　配重水箱

水箱的前面与左、右侧面，是垂直的平面，后端是向后凸出的弧形结构。水箱骨架在内，所包钢板在外。所有钢板与骨架贴合缝，从内部分段焊牢。外缝全部焊住，不能漏水。全部焊完后，进行清渣除锈，内部刷防锈漆。水箱安装在转盘上的两根侧卧槽钢上，可随转盘一起转动。

3.2.6　吊钩及升降卷扬机

吊钩如图 3-20 所示，由滑轮、芯轴、吊钩、横轴、平面轴承、压紧螺母、托板、护罩等组成。护罩的上面有一件横杆。当吊钩上升到最上面时，此横杆能碰上行程开关，即可自动停止上升，起到安全保护作用。

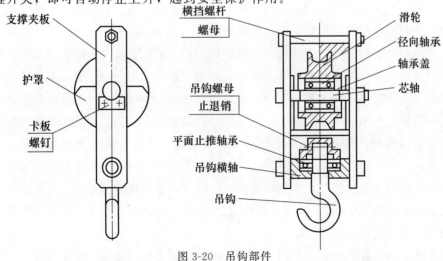

图 3-20　吊钩部件

吊钩升降卷扬机如图 3-21 所示，由底座、电动机、制动轮、制动器、联轴器、卧式齿轮减速箱、立式轴承座、轴承、轴承盖、卷筒轴、卷筒、钢丝绳、绳索压板等零部件组成。底座由 12 号槽钢组焊而成，上平面铺焊一块 6mm 厚的钢板，其余零部件全部安装在这块钢板上。电动机选用 2.2kW，转速为 1430r/min；制动轮直径为 150mm；减速箱的总中心距为 250mm，传动速比为 31∶16；卷筒直径为 300mm。按上述已知数据进行计算，吊钩每分钟可升降 21m。也就是说，将起重物从地面吊至最高层房顶，只需 1min 左右。

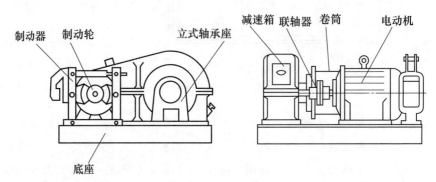

图 3-21　吊钩升降卷扬机

3.2.7　操纵室

操纵室安装在塔身最上面，操纵室如图 3-22 所示，用连接板通过螺钉、螺母与塔身相连接。操纵室的主框架四个立柱用 8 号角钢，下四周的横挡用 5 号角钢连接，操纵室的上部四周中左、右两侧用 6 号角钢连接，前、后横挡各用两根 8 号角钢扣在一起组成空心方形后再与立柱连接。

操纵室的结构分上、下两段。下段四周距离 1m 高的地方先用 5 号角钢与立柱作横向连接，再在每边等距离各立两根 4 号角钢的小立柱，然后用 3mm 厚的钢板在四面包围。底面先用 4 号角钢做骨架，后铺 3mm 厚的钢板，注意此钢板需留出活门的位置，再做一个活门安装好。上段的前面及左、右侧做成透明的能防震的钢化玻璃窗，各向外凸出 150mm，便于操作者对这三个方向的上下进行观察。一个电气控制柜，布置在操纵室后侧的上段，向外凸出 200mm。四套鼓型控制器，用来控制吊钩的升降和控制塔身旋转的两套控制器，使用比较频繁，安装在前方靠近墙边；控制悬臂升降的鼓型控制器安装在左侧靠近墙边；控制平板车运行的鼓型控制器安装在右侧靠近墙边。

操纵室地面靠后有一个活门，用于人的上下。整个地面铺一层绝缘橡胶板。如

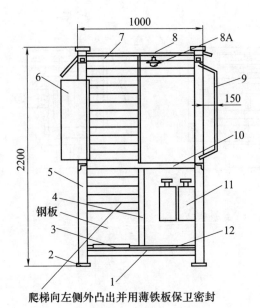

序号	名称	数量	备注
12	绝缘橡胶板	1	
11	鼓形控制器	4	
10	横挡角钢	4	四周
9	透明视窗	3	左中前
8A	照明灯	1	
8	顶盖板	1	$\delta=4$
7	上井字骨架	1	
6	电控柜	1	
5	立柱8号角钢	4	
4	4号角钢	4	
3	活门	1	
2	连接板	4	共8件
1	下井字骨架	1	铺钢板
序号	名称	数量	备注

爬梯向左侧外凸出并用薄铁板保卫密封

图 3-22　操纵室

果塔吊某处发生漏电现象，或操作中碰上外部某处电线，仍可保证操作者安全。

操纵室的后侧，靠近电气控制柜的旁边做一段简易爬梯，便于操作者爬到操纵室顶上，去检查上面的导向轮、支承轮，或拆装保险拉绳的情况。

通向操纵室电气控制柜的电源线与从各鼓形控制器接出来到各电动机之间的控制线均选用绝缘性能良好的橡胶电缆，穿入钢管，顺塔身的一角上、下布置。注意，由于塔身是可折叠的，所以在折叠处要空出一段布线管，管内的电缆线也要宽松一点，以免折叠时受损伤。

操纵室顶上，先用 4 号角钢做成井字架与四周横挡焊牢，再铺上 3mm 厚的钢板。能做到不往下漏水即可。

3.2.8　转盘传动机构

转盘传动机构如图 3-23 所示，由立式座架、电动机、小链轮、链条、大链轮、行星摆线减速箱、传动小齿轮、轴端压盖、锁紧螺钉等零部件组成。电动机功率 4kW，速度为 720r/min，链传动速比为 1∶2.5，减速箱的传动速比为 1∶71。按照这些参数进行计算，小传动齿轮每分钟转 3.8 圈。小齿轮齿数 14，大齿圈齿数 153，吊钩中心距离转盘中心为 14.5m，当悬臂旋转时，吊钩作圆周弧线运动，其速度为每分钟约 31m。

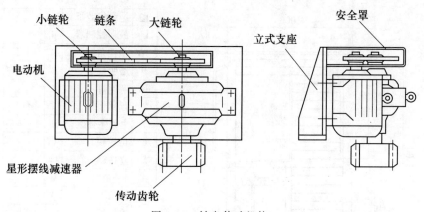

图 3-23　转盘传动机构

第4章

设备的安装与修复

4.1 桥式起重机的安装

桥式起重机（俗称天车或行车）是工厂或矿山用来在限定场地内吊运货物的主要起重设备，需要架空安装。桥式起重机的起重吨位、桥梁跨度、架空高度根据所吊运货物的重量、大小、长短、吊运距离等要素不同而不同。老式桥式起重机安装过程主要如下。

① 首先在使用场地上要设计有若干钢筋混凝土结构的、具有足够刚性和强度的立柱，分成两排按标准间距6m或8m分布。每个立柱的上段要有一段凸台（俗称牛腿），每两个立柱之间的凸台上，用鱼腹形的钢筋混凝土梁（俗称鱼腹梁）相连接。将两排所有立柱连成两条纵向整体直线。在鱼腹梁上平面上再铺设行车运行的钢轨。两根钢轨的距离，就是桥式起重机的跨度；钢轨的高度，也决定了起重机的高度。

② 安装电源滑线。按老式安装方法，起重机的电源滑线，是在鱼腹梁的内侧先装上若干带有绝缘瓷瓶的支架，再在支架的瓷瓶上安装三根三相裸露的上、中、下等距离排列的角钢。这裸露的角钢，就是起重机的三相电源滑线。

③ 在起重机操纵室对面、行车大梁的下面装一个带绝缘瓷瓶的托架，再在瓷瓶上装三件铸铁件加工而成的电源滑块，又从滑块后端接电源线穿入钢管内，接至操纵室控制柜。滑块在裸露角钢的上平面上滑动，不管起重机开到何处，都可将电源与操纵室托架上的绝缘瓷瓶分开，所以电源不可能与起重机任何金属结构部分相通，而产生漏电现象。

采用上述老式安装方法安装桥式起重机，主要存在安全问题和安装工程的经济效益较差问题。

安全问题。由于有三根裸露的角钢滑线分布在工房内，长年在工房内从事各种作业的人员，不免一时疏忽，就会发生触电事故。此外，当一台起重机在修理时，另一台起重机则必须停止运转，否则三相裸露的滑线不能断电，容易发生触电事故。

经济效益较差问题。老式安装方法需要在轨道下面每隔半米多距离就垫一段枕木，枕木需用较长的螺栓固定在鱼腹梁上平面上。安装三根角钢滑线，需要大量的角钢材料和绝缘瓷瓶、绝缘垫、紧固螺钉、螺母、垫圈等零件。这些材料的准备，零件的制造和安装工程量较大，所需经费也较大。

鉴于上述状况，借鉴火车轨道的方法，设计了一套新的方案来安装桥式起重机。

采用弹性橡胶垫安装起重机的行车钢轨取消原来垫枕木的方案（图 4-1），主要如下。

① 在鱼腹梁的上平面预留孔的位置，用螺栓固定一块钢板。钢板的中间部位放一块弹性模量好又耐用的弹性橡胶垫。此橡胶垫是强力型的带有 3～4 层粘夹帆布，橡胶垫的尺寸（长×宽×厚）为 150mm×120mm×8mm。

② 钢轨放在橡胶垫上，用事先做好的压板（图 4-2）压住钢轨底座的两边。压板下部与钢板连接处用电焊焊牢。上部与钢轨接触处不焊，既能压住钢轨，又能挡住橡胶垫不向两边移动。

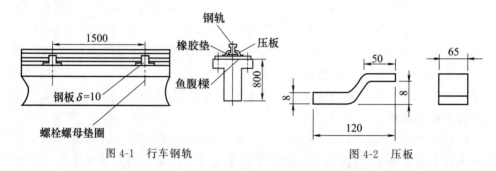

图 4-1　行车钢轨　　　　　　　　　　图 4-2　压板

③ 用同样方法铺设厂房另一边的钢轨。注意两根钢轨中心的距离，必须与起重机大车跨度保持一致。用绝缘电缆安装桥式起重机的电源设施如图 4-3 所示，取代了原来的裸露的角钢滑线及托架滑块等设施。根据起重机几台电动机的总容量，再加上安全系数，选择能承受相当拉力的铜芯橡胶绝缘电缆为主要电源线，直接从工房一角的电源控制开关，接到起重机操纵室的控制柜。

其具体步骤如下：

① 在起重机操纵室一端的上面，厂房屋顶架下面，悬空装一根拉紧 10mm 的圆钢筋，用以悬挂电缆。钢筋长度根据厂房长度而定。在厂房墙角相应位置上，两端各装一根螺栓，一头固定，一头可调，将钢筋拉紧。电缆线的一端从电源开关接出，另一端接至操纵室的控制柜。电缆中间每隔 1～1.2m 距离，安置一个如图 4-4 所示的滑动夹子。此夹子的下部可将电缆线夹紧。上部的小轮子可在钢筋上滑动。在操纵室上面的端梁上，制造并固定一个拨叉杆。拨叉杆上部夹紧电缆，下面用螺钉与端梁连接。当起重机运行时，拨叉杆即拨动电缆随车伸缩，十分方便。

② 操纵室内，从控制柜到三个鼓型控制器之间的配线、接线方式不变动，按原设计方案实施即可。

③ 从各控制器到各电动机之间的配线接线方式，可分两步进行。第一步，按原设计方案先将行车运行电机的线路配接好。因为行车运行时总电源绝缘电缆可随着车体前进、后退任意伸缩。第二步在行车右侧走廊平台的两端各制造并固定一个支架，用来架设拉紧一根悬空的钢筋。再将小车电机和卷扬电机两根绝缘电缆用滑动夹子夹住，挂在这根拉紧的钢筋上。从小车车体的一侧横向伸出一个拨叉杆，能拨动两根绝缘电缆跟随小车运行而伸缩即可。桥式起重机安装完后，工房内、车体上均无裸露的电源滑线，从根本上长久地保证了人身安全，又节省了大量原材料和大批紧固件，又减少了50%的施工工程量，经济效益非常显著。

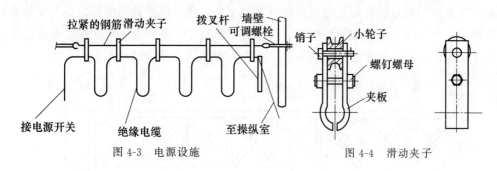

图 4-3　电源设施　　　　　　　　　　　　图 4-4　滑动夹子

4.2　空厂房 20t 桥式起重机的安装

东莞市某大型港资模具公司，为扩大生产规模，决定利用一座原有的空工房，安装一台 300t 的注塑压铸机。在设计方案时，要求不损伤原有建筑，只作局部改造就能安装 20t 的桥式起重机，并保证投入使用，安全运行。原工房全是砖木结构，不能承受载荷。只有红砖砌的墙壁和木制的门窗，没有钢筋混凝土立柱和鱼腹梁，无法安装起重机运行的轨道。于是，设计了一个特殊的改造方案，分三步进行。

第一步，先设计如图 4-5 所示的金属结构架立柱。起重机的自重和起重的载荷加惯性系数，再加安全系数，全部由这些结构架来承载。结构架用 8 号角钢为主架，分布于四个角的位置；6 号角钢作四周的横挡和斜撑，共同组焊成花架立柱。立柱的下面加一块 12mm 厚的垫板焊牢。将立柱立起后，垫板落在用地脚螺栓固定的专用基础镫子上。每个立柱的上端铺一块 10mm 厚的钢板，钢板的上平面可安放一根通长的工字钢。如图 4-6 所示的工字钢的上面可安装起重机的运行导轨，导轨的安装方法参照前面所说的处理。在工字钢的下面，按每两个立柱之间的中间位置处焊接一块连接板。此连接板与立柱中部的连接板，再用斜撑的双角钢连接。这样两个立柱之间的工字钢就起到了鱼腹梁的作用。工房一边靠墙的所有立柱，都如此连成通长的整体，上面铺的导轨就能承受巨大的载荷。立柱下的专用基础墩子，其施工方法是：先将基础坑的位置，选定在每个砖砌立柱的旁边。挖出一个0.8m 深、0.8m 见方的坑，并将坑底夯实，接着在坑内配置钢筋结构架。配钢筋时，将地脚螺栓按尺寸就位，与钢筋一起点焊固定，然后浇灌混凝土。注意，挖基础坑时，要间隔一个砖柱位置再挖一个，不要接连挖下去，避免动土太多太近损伤砖柱及墙壁的稳定性。待已挖坑内浇满混凝土后，再继续挖其他的坑。在工房的另一边，也按上述方法挖坑、配钢筋、浇灌混凝土墩子、制作金属架立柱、安装工字梁及导轨。两边轨道中心的距离为 10.5m（起重机大车桥梁的跨距）。

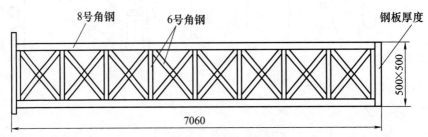

图 4-5　金属结构架立柱

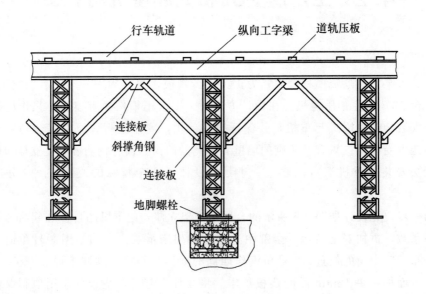

图 4-6　行车支撑及轨道

非标专机设计制造实用技术

第二步，设计并制作起重吨位为 20t，桥梁跨距为 10.5m 的桥式起重机。起重机的主桥梁是型材组合的花架梁。花架梁的主工字钢，选用的不是普通工字钢，而是选用承载能力强的制造铁路桥梁的专用的加宽、加厚的工字钢。因此，在配制附梁选材时，可适当缩小规格。通过主工字钢加大和附梁用材的缩小，既保证桥梁的刚性和强度，又节约了原材料。起重机端梁的设计与制造，大车运行机构的设计与制造，均按前面所述的方法进行。

第三步，当主梁与端梁分别制造完以后，直接在高空行车轨道上进行如图 4-7 所示的对接组合。

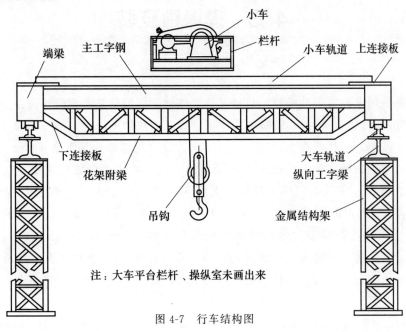

图 4-7　行车结构图

具体方法如下。

① 先将两个端梁在地上划好车轮中心线，端梁与主梁的对接位置线，主梁上小车轨道中心线，然后将连接主梁的下连接板两件焊牢在端梁下面的相应位置上。

② 将一个端梁吊到行车靠近一边墙的轨道上，按车轮中心线定位后，用角钢将端梁与轨道下面纵向工字钢支撑点焊固定。

③ 将另一个端梁吊放到行车靠近另一边墙的轨道上，用拉线的方法，使两个端梁的一端对齐后，用同样的办法支撑固定。

④ 将一个大梁吊到两个端梁之间，按位置线对接、点焊，再将对接处的上连接板就位、点焊。接着将另一个大梁也吊到两端梁之间，用同样方法对接并点焊。

⑤ 将两个大梁与两个端梁对接处的全部焊缝焊牢。

⑥ 在两个桥梁的上平面，按中心线摆放两根方钢，作为小车的行车轨道，并

在方钢的下两侧分段焊牢。

　　⑦ 将组装好的小车吊放到桥梁上。

　　⑧ 进行配管、配线安装。

　　⑨ 当管线配完后，将支在端梁两侧的斜撑角钢卸去，将焊疤打磨平。

　　⑩ 先开空车，试运行各动作的准确性和灵敏度。确信空运行无任何问题时，将起重的制动器调好，即可进行超负荷 25％ 重载试验，进行刚性和弹性检测。

4.3　模锻锤安装

　　锻锤是用来锻造（即锤打）机械零件毛坯的。模锻就是在模锻锤设备上装上事先制造好的模具，让工件在锻锤的作用下在模具内成形的一种方法。模锻件具有良好的力学性能，形状符合工件外形设计要求，尺寸很稳定，加工余量少。3.15t 蒸空模锻锤常用来锻造较大的成形工件毛坯的，1t 蒸空模锻锤常用来锻造较小的成形工件毛坯的。3t 自由锻锤可锻造较大的不规则、不定形的工件毛坯，750kg 和 400kg 的空气锤可锻造较小的不规则的工件毛坯。锻锤设备的型号决定了它们各自的生产性质和生产能量。各型号前面的数值，如 3.15t、1t、3t、750kg、400kg 等，表示它们各自的锤头落下部分的重量。3.15t，即该设备的锤头、锤杆、汽缸中的活塞等组合到一起的零件，在锻锤工作时，它们一起运动，一同落下，故称落下部分，这些零件的自身重量加起来是 3.15t。

　　一台 3.15t 蒸空两用模锻锤，它的总重量达 90 多吨，仅锤座就有 63t。锻锤类设备，除自身重量较重之外，工作时还会产生巨大的打击能量，对设备基础产生巨大的冲击力。如果不设法缓解这种冲击力，它的基础就容易损坏，该设备就无法投入使用。因此，锻锤的安装与其他类型设备的安装大不相同。

　　我国各工厂在用的大型锻造设备，很多是前苏联 20 世纪二三十年代设计的产品。安装 3.15t 模锻锤，需在钢筋混凝土基础至锤座底平面之间铺垫两层方木排垫。每层厚度为 300mm，两层总高度为 600mm。这种木排垫的木料要用橡木、栎木或硬榨木，其含水量要低于 7％；不能有较大的木结疤和裂缝。每根方木经过加工后的四个面都要相互垂直。单根方木加工完后钻孔，再用两根长螺杆将它们组装成木排。木排的长度和宽度略小于基础坑壁，但要比锤座底面的长和宽各大出 500mm。木排制造好后，置于基础坑内，四周缝隙浇灌沥青，以防止进水受潮。当锤座放在木排垫上之后，用硬方木将锤座四周塞紧，防止产生位移现象。在四周方木上面再浇灌一层沥青，底座的安装完成。如果没有好的橡木材料来制造方木排，就无法进行安装。

为解决节约锻锤安装用方木排垫的原材料，采用如图4-8所示的新工艺方案进行3.15t模锻锤的安装，用弹性橡胶垫替代方木一排，工艺步骤如下。

① 首先设计并制造一块大金属平板。平板采用20mm厚的钢板为主体，下面纵向、横向都配设加强筋板与平板牢固焊接。纵、横筋板所形成的若干方格，对大平板起到了良好

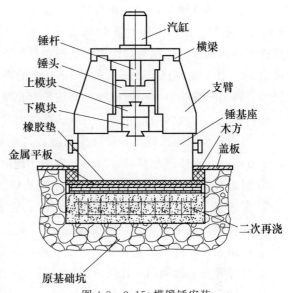

图4-8　3.15t模锻锤安装

的加强作用。需注意的是，必须在这些方格的中间钻孔与平板钻通。否则将平板压入尚未凝固的混凝土上部时，每格中的空气无法排出，无法压到位。平板的上平面要进行机械加工，达到平整光滑。孔与上平面形成的锐棱角要修成钝角，以免损伤橡胶垫。如图4-9所示，该平板外框尺寸，按原基础坑的实际长宽尺寸各减去20mm即可。

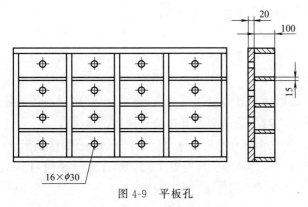

16×φ30

图4-9　平板孔

② 在原基础坑预留放木排垫的位置，自预留坑底往上600mm高度以内，上部减去150mm且不配置钢筋，可以压入平板。下部450mm应配两层纵向和横向钢筋，并将两层连成钢筋架，接着浇灌混凝土至600mm高度为止。

③ 浇灌的混凝土尚未凝固，立即将大金属平板大道平面向上，平放压入混凝土上部，不断地锤击震动，待每个孔均冒出砂浆时，再用水平尺，将平板平面的纵、横方向找好水平后，不再受震动，使其凝固。

④ 计算弹性橡胶垫的厚度。计算前首先必须掌握一些有关的参数，如锤座重量、设备总重量（因为模锻锤所有零部件都装在锤座上），砧座底面积是多少平

方厘米，落下部分重量，匀加速速度参数，再乘上一个安全系数，本次设计中取2.5倍安全系数。按照专用计算公式运算方木排垫的厚度为600mm，再根据橡木或硬榨木材质的弹性模量与弹性橡胶垫的弹性模量进行对比换算后，所需橡胶垫的厚度为14～16mm为宜。因此，采用8mm厚的夹布运输胶带，两层为16mm厚的橡胶垫。两层橡胶垫，下一层横放，每块长度比坑底横向尺寸略小一点；上一层纵放，每块长度比坑底纵向尺寸略小一点。摆放时每两块之间留3～5mm间隙。

⑤ 当弹性橡胶垫摆好后，将锤座吊放在橡胶垫上，四周用方木塞紧并浇灌沥青，一方面防止锤座产生移动，另一方面防止地面水进入基础坑。

⑥ 制造金属盖板及操作平台，将基础坑盖好。

⑦ 在锤座上面安装双支臂、横梁、汽缸、活塞及锤杆、锤头等零部件。

⑧ 安装蒸汽或压缩空气管路及阀门。

⑨ 在锤座中部燕尾槽上安装下模块，再在锤头下燕尾槽中安装上模块。

⑩ 打开管路上的阀门，让蒸汽或空气进入汽缸。开始空运行试验。

用上述新方案，在某厂安装了一台3.15t模锻锤，使用效果良好。后来在此基础上，如图4-10所示，做出了新的3.15t模锻锤安装设计，具体如下。

① 首先设计一个深度为2.4m的主基础墩子。墩子的上部，即金属大平板平面以上留250mm深的长方形的坑。坑的长度与宽度比锤底面积实际尺寸放大500mm，即在锤座四周各有250mm的空位。坑的四周有用来挡方木的300mm宽的钢筋混凝土边框。主墩子从下至上配制八层钢筋，边框配两圈钢筋。每层钢筋之间再用立起的钢筋将它们连成整体钢筋架。浇灌混凝土后，有足够的强度和刚性来承载整台设备的总重和和锻锤工作时所产生的巨大冲击力。

② 主墩子四周设计了坑道。坑道的一个角等距离埋入一些圆钢，可当作爬梯使用。坑道的底部与主墩子连成一体。坑道的四周有挡墙，其上部与地面混凝土连成一体。主墩子配好钢筋，浇灌混凝土时，浇至距离上平面300mm时暂停，将金属大平板压入并找好水平。大平板已压入并找好水平后立即将坑上部边框的挡板装好。接着将坑上部边框浇灌完毕。人行坑道的底部和挡墙应同时浇灌完。

③ 待基础混凝土凝固好之后，卸去全部合子板。将大金属平板的上平面清扫干净，铺好弹性橡胶垫后，将锤座吊入主墩子上部坑中。周边用方木塞紧，浇灌沥青密封。

④ 将盖板盖好，接着将设备的全部零部件逐一装在锤座上。

⑤ 按前面的方法接通汽管和阀门后，进行空负荷运行试验。

如果以后设备搬迁或设备维修，更换橡胶垫等，可按下列程序进行。

① 卸去汽管与汽缸连接的法兰螺栓，将汽缸、横梁、双支臂、上下模块等零部件逐一卸下来，对各部位进行修理或更换。

② 将地面上的金属盖板吊开，修理者进入坑道内进行操作。

③ 在锤座两端的吊耳轴下面各放一个 50t 的液压千斤顶，顶住两端的吊耳，让锤座慢慢升起。待锤座底平面高于地平面 250mm 左右时，不再升高，将液压千斤顶锁死。

④ 清除基础上部坑边的旧方木和旧橡胶垫。

⑤ 将准备好的新橡胶垫按要求摆放在金属平板的平面上。

⑥ 将锤座降落到橡胶垫上，再在锤座四周用新方木塞紧后，浇灌一层沥青。

⑦ 将地面金属盖板盖好。将修复或更换了的新零部件装在锤座上面。

⑧ 接通汽管和阀门，进行空负荷试锤。

该方案最大的优越性是当设备大修时，63t 重的锤座无需吊开，只需在原地用两个千斤顶作短距离的升高就解决问题。

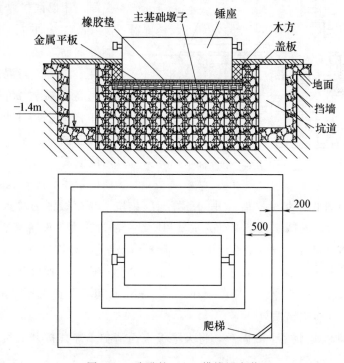

图 4-10　改进的 3.15t 模锻锤安装

4.4　自由锻锤安装

3t 自由锻锤的砧座重量达 27t，设备总重 50 多吨。它的锤头、锤杆加汽缸中的活塞，其落下部分的重量是 3t。3t 自由锻锤安装也采用弹性橡胶垫工艺方案，其基本步骤如下。

① 3t 自由锻锤安装基础图如图 4-11 所示，一次性浇灌成功，不留安放方木排的位置。但在未浇灌基础之前，必须事先做好下列准备工作：

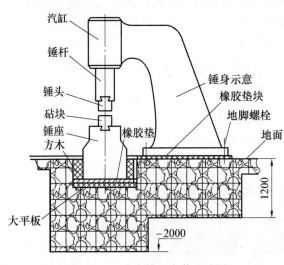

图 4-11　3t 自由锻锤安装基础图

a. 首先设计并制造一块如图 4-12 所示带加强筋的大金属平板，该大金属平板外框尺寸比基础坑略小一点。此平板压入锤砧座下的钢筋混凝土基础上面，用以铺放弹性橡胶垫。

b. 按新的基础图要求，配制好钢筋，接下来可进行基础混凝土浇灌。当混凝土浇灌到坑底高度尚差 20mm 时暂停，立即将大金属平板平面向上，加强筋向下，平放，压入未凝固的混凝土上部。其他与按前面所示模锻锤安装一样。

② 计算弹性橡胶垫的厚度，并准备好橡胶垫块。与模锻锤的总重量全部在锤座上不同，自由锻的锤座只是本身的重量和所承受的冲击力，设备其他零部件的重量和冲击反弹力则由锤身传至地面的另一部分基础承受。计算所得结果是木排厚度应在 450～500mm 较适宜，按木排厚度及木材的弹性模量与橡胶垫的弹性模量值进行对比换算后，所需橡胶垫厚度则在 11～13mm 即可。因此选用 6mm 厚的夹布运输带两层，纵横交错摆放。

③ 待基础混凝土完全凝固后，将大平板上面清扫干净。按基础坑纵、横方向尺寸，将弹性橡胶垫下好料，比坑底实际尺寸减小 10～15mm。摆放时，每两块之间留 3～5mm 间隙。

④ 将锤座吊放到坑里时，注意周边空间要一致。

⑤ 用方木将锤座周边空间塞紧，且浇灌沥青，防止杂物与水进入坑内。

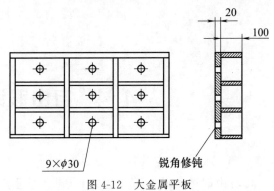

9×φ30　　　　锐角修钝

图 4-12　大金属平板

锤座安装完后，需解决考虑锤身底座下的减震问题，具体措施如下。

① 将锤身底座下的基础平面用手砂轮机进行修整打磨，达到平整光滑。

② 经计算锤身减震用 10mm 厚的夹布输送带一层即可。按底座纵向长度尺寸加长 20mm 下好料，有地脚螺栓的地方将橡胶垫割出圆孔，套在螺栓上，一条一条纵向摆放，每两块之间留 3～5mm 间隙。

③ 将锤身吊放到橡胶垫上，将地脚螺栓紧固。

④ 安装锤身各零部件，直至完工。

⑤ 接通蒸汽或压缩空气管路及阀门。

⑥ 各方面就绪后，送气，进行空负荷试锤。

4.5　模锻锤锤头的修复

3.15t 模锻锤锤头，本身重量再加上模块的重量、加锤杆、加活塞共重达 3.5t 在长期满负荷使用的情况下，会产生如图 4-13 所示因过度疲劳而发生开裂的现象，因此为了提高模锻锤的使用寿命和提高生产效率，设计了一套焊补修复锤头的工艺方案，其具体步骤如下。

① 将开裂的锤头拆下并运至卧式镗床边，安排镗工用棒铣刀对准锤头裂缝处铣出一条 40mm 宽的凹槽，便于堆焊填补。注意铣槽时不能与锤头内锥孔铣通，靠近内锥孔留出 10mm 不铣作为合缝时定位，以保证内锥孔不变。

② 准备低合金钢焊条，一块 30mm 厚的低合金钢板，两段废钢轨、一车红砖、200kg 焦炭、200kg 石棉粉。

③ 用红砖等砌一个临时加热炉（图 4-14），将铣好槽的锤头放入炉内加热。注意锤头放入临时加热炉内要平稳，避免受热变形。此炉子必须符合一定的要求：一是炉的上空不能有电气线路、水、空气管路，或其他设施，以免点火后被烧损；二是炉子的下部有两段钢轨，并排摆放着，轨顶平面要保持一致，不能歪扭；三是钢轨中间的下面要用砖块垫好，受热时不会下沉。

④ 炉子砌好后，在钢轨下放些引火木柴，将锤头放在钢轨上，四周装上焦炭块，点火加热。

⑤ 将锤头吊到 400t 油压机工作台上，侧放，凹槽口在侧面。由于锤头上下大小不一样，小的地方用钢块垫好，上面用油压机加压，使裂缝合垅。由于铣凹槽时留了 10mm 未铣通，此时合垅后，锤头内锥孔即恢复原尺寸。迅速焊补两层，将

裂缝拉住。然后，让油压机不再加压，将锤头翻转 90°，让凹槽口向上。

⑥ 用与低合金钢锤头材质相近似的低合金焊条将凹槽层层堆焊，焊满、焊平后，再用砂轮机修整。将事先加工好的 30mm 厚的低合金钢板铺盖在上面，四周与锤头未开裂的表面焊牢。焊缝高度达 25mm。如此开裂处修复后的强度已大于原件的强度，可放心使用。

⑦ 焊完后，将锤头放入装有石棉粉的大槽内，并用石棉粉掩埋住，令其保温冷却。冷却后即可装机使用。

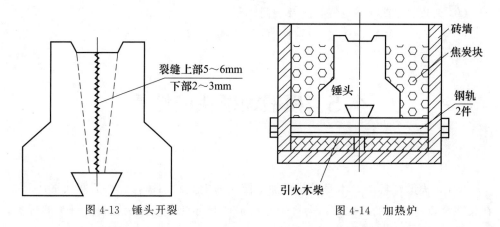

图 4-13　锤头开裂　　　　　　　　图 4-14　加热炉

第5章

特殊条件的特种加工方法

5.1 大模数大直径齿轮圈的加工

机械传动齿轮的齿数和模数直接决定齿轮直径的大小和单齿的厚薄及齿槽的深度。在机械制造中，齿轮模数小于10mm，直径小于1200mm 的齿轮不论精度高低，均可在专用制齿设备上加工而成，如滚齿、插齿、刨齿、珩齿、剃齿、磨齿机等。然而有些机械传动需用模数大于15mm，直径大于2000mm 以上的齿轮，这么大齿轮的专用设备非常少见。因此设计了一整套工艺方案，

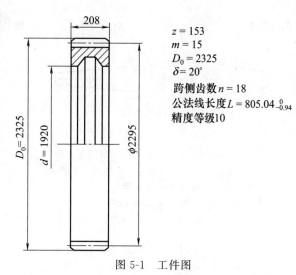

$z = 153$
$m = 15$
$D_0 = 2325$
$\delta = 20°$
跨侧齿数 $n = 18$
公法线长度 $L = 805.04^{0}_{-0.94}$
精度等级10

图 5-1　工件图

在卧式镗床上加工大模数、大直径齿轮，并且取得了良好的效果。工件见图 5-1，工艺方案的步骤如下。

(1) 设计并制造粗、精加工两种锥柄铣齿刀（图 5-2）各两把

① 参考刀具设计手册，设计能装在卧式镗床主轴上的锥柄铣齿刀。

② 按工件理论齿槽渐开线形状及尺寸设计并制造样板（图 5-3）。

③ 车制锥柄铣刀体时用样板检测相符即可。

④ 在刀体前半部分铣出刀具切削刃。

⑤ 按材质和硬度要求淬火。

⑥ 磨削齿刃及锥柄。

(2) 设计并制造能安装在镗床工作台上的专用夹具

① 用 16 号工字钢和 8mm 厚的钢板下料并焊制夹具本体（图 5-4）。

② 将夹具本体安装在镗床工作台上，初步找正。

③ 用镗床先加工夹具上部四块钢板的上平面，使之形成一个大平面。

④ 在齿圈坯料外圆上划好齿数等分线，具体操作方法如下。

a. 制造一块专用划线板（图 5-5）。

b. 用划线板在齿圈外圆上划一条垂线 1 号，以 1 号线为起点，用较窄较薄的钢带卷尺绷紧绕外圆量一周，衡量一下量出的数值与理论计算的圆周展开长度是否一致。若有差值，划等分线时一要设法消除它。

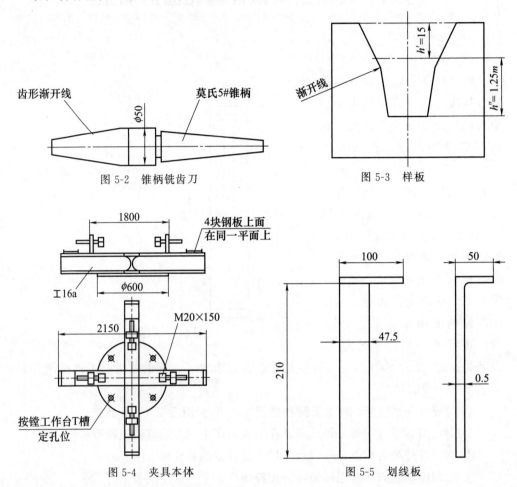

图 5-2　锥柄铣齿刀

图 5-3　样板

图 5-4　夹具本体

图 5-5　划线板

c. 仍以 1 号线为起点，在外圆上量出 18 个齿的等分间距位置，即 0～859.3mm。划条垂线 19 号。在第 9 个等分距离的位置 0～429.6mm 又划一条垂线 10 号；接着将 1～10 号线之间分成三等份，又将 10～19 号线之间也分成三等份段。这样使每个等分段中包含 3 个齿槽的间距。然后再将各等分段也划成三个齿间距即可。

d. 以 19 号线为起点，再量出 18 个等分距离的位置，以此类推，将全部等分线划完，并用记号笔标号。

e. 在划线时每次先量 18 个等分距离的位置，又将其分成 6 个等分段，每等分段含 3 个齿槽间距的原因是 18 个齿是跨测齿数值，每 18 个齿用一个总数值控制，把划线误差又控制在 3 个齿之间，这样可避免累积误差。

(3) 工件装夹及注意事项

① 卸去镗床尾部立架。

② 制造专用支架及对线刀板（图 5-6）并将其固定在尾部主导轨上。

③ 将划好的工件平放在夹具上，用调整螺钉找正位置，并内撑夹紧，然后将工作台锁死不再移动。

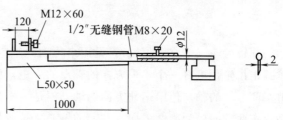

图 5-6 支架及对线刀板

④ 调整对线刀板，接近工件，对准任意一条垂线不移开。每次工件转动，换铣另一齿槽必须让工件的另一条垂线对准对线板刀口，方可确信转动位置准确。

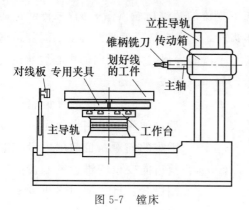

图 5-7 镗床

(4) 镗床（图 5-7）铣齿

① 使用镗床的附件专用锥套，将锥柄粗铣刀装入镗床主轴孔内。

② 用铣刀中线去对准工件上的 1 号垂线，并进刀从上至下铣削加工。当进刀至齿根深度尚差 1.5mm 时，则不再进刀。余下的尺寸待精铣时完成。

③ 按工件跨测齿数 18 的要求，跳铣第 19 槽。19 号槽铣完后，跳至 37 槽再铣。每次跳过一个跨测齿数，以此类推，不能从 1 号到 2 号到 3 号按顺序操作。

④ 按跨测齿数间距铣完一周后，接下来对准 2 号垂线铣 2 号槽，完后跳铣 20 号槽，再跳至 38 槽，跳至 56 槽，如此再铣一周；第三周从 3 号槽开始，跳至 21 号 39 号，直至全部粗铣完。

⑤ 换好精铣锥柄刀，将 1 号槽铣到符合要求的深度，跳至 19 号槽精铣。当 19 槽精铣完后，即用 1m 的游标卡尺，跨 18 个齿检测公法线长度，应是 805.04mm，公差 0.94mm。若公法线长度在允差范围内，即按照上述跳铣方法继续加工。公法线长大于公差，可将齿根深加深一点；小于公差，可将齿根深适量减少。总之，由公法线长度来控制齿根深和齿厚尺寸，是比较理想的，能保证大、小两个齿轮在运行中的啮合精度。

凡有卧式镗床的工厂，采用该整套工艺方案都能加工大模数、大直径的齿轮，可节省大量的外协加工费、差旅费、运输费等，具有较明显的经济效益。

5.2　齿向变位圆锥齿轮的加工

　　圆锥齿轮（俗称伞齿轮），是用来传动两轴空间转向且交差的机构的。通过一对圆锥齿轮，可将一个水平方向的轴上的力矩，传送给垂直方向的轴；还可将力矩由东西方向的轴，传给南北方向的轴。但是，不论是由水平方向转为垂直方向，或是由东西方向转为南北方向，它们的轴心延长线是相交的。如图 5-8 所示，如果两根轴需要改变力的传动方向，然而两根轴的轴心延长线却永不相交，而是隔着一定的距离，其力矩可从轴 A 传给不相交的轴 B，或由轴 B 传给轴 A，用一对正圆锥齿轮是办不到的。因此，必须设计一对齿向变位的圆锥齿轮（图 5-9）来传动这两根轴，才能达到目的。两个齿向变位的锥齿轮，它的变位量就是两轴空间间隔距离的二分之一。所谓的齿向变位量，就是说每个齿的齿顶或齿槽走向的中心线与该齿轮的轴线中心线的距离始终隔着一个定数，如 40mm 或 80mm。

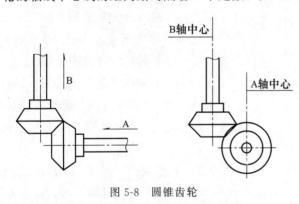

图 5-8　圆锥齿轮

　　齿向变位的圆锥齿轮设计后，如何加工制齿却是一个较困难的问题。目前国内没有能给齿向变位圆锥齿轮制齿的专用设备。目前国内飞机发动机齿轮厂、汽车齿轮厂、机床齿轮厂等企业尽管拥有滚齿、插齿、珩齿、剃齿、刨齿、磨齿、铣齿等国内外各种制齿设备，然而没有一种齿轮专机能承接此任务。针对上述问题，专门设计了一种利用大型立式铣床（图 5-10）的加工工艺方案来解决这个难题。

　　具体工艺方案如下：

　　① 设计并制造了一件可在卧式分度头上安装工件的专用芯轴（图 5-11）。

　　② 设计并制造了一件可在立式铣床主轴上安装刀具的专用刀杆（图 5-12）。

　　③ 将立铣上的立式分度圆盘与卧式铣床上的卧式分度头联合使用。先将立式分度盘安装在立铣工作台的一端，分度刻线对零位，再将卧式分度头放在立式分度盘平面上。

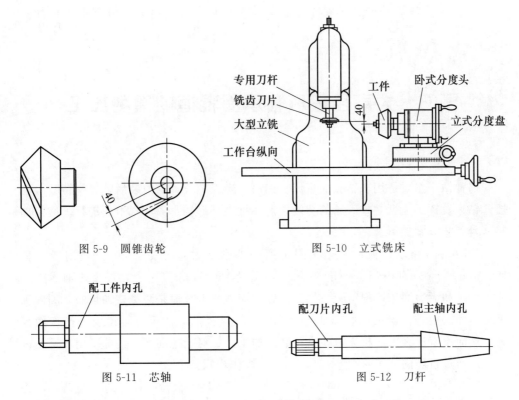

图 5-9　圆锥齿轮

图 5-10　立式铣床

图 5-11　芯轴

图 5-12　刀杆

④ 将专用芯轴装在卧式分度头卡盘上夹紧。

⑤ 用打表的方法，让卧式分度头主轴轴线与机床工作台纵向平行。

⑥ 将调好平行位置的卧式分度头，固定在立式圆盘上。

⑦ 将立式圆盘转动一个相当工件齿根角的角度进行定位不再转动。

⑧ 在机床主轴下锥孔内装上专用刀杆。根据被加工工件的齿数，选择片式铣齿刀的刀号，并将刀片装在刀杆下部。

⑨ 将刀刃中心线与工件芯轴中心线重合后，再将主轴上升 40mm，锁住主轴不再升降。

⑩ 装好工件。从锥齿轮大端进刀开始切削加工。进刀深度要控制与该锥齿轮大端深度相符，纵向移动工作台，加工出第一个齿槽。该齿槽齿向变位应符合资料要求。

⑪ 将卧式分度头转动一个齿的角度，再加工第二个齿槽。待第二个齿槽加工完后，正好形成了一个完整的齿形。

⑫ 对齿的大端进行测量，检查其齿厚和齿全高是否合格。如果合格，可继续加工。如果齿厚尺寸较大一些，而齿全高尺寸又较小一些，则可略加大一些进刀深度。反之，进刀略浅一点。

⑬ 加工完毕后送专检人员全面检查。合格后，按上述方法将整批工件加工完毕。

5.3 大直径环形轴承圈辊道的磨削加工

摇臂钻床主要是用来钻孔的机床。然而，经工艺设计与改装后，将一台较大的摇臂钻床发挥了大型立式磨床的功能，对一批大环形轴承圈的辊道面进行了磨削加工，其工艺方案如下。

如图 5-13 所示，被加工轴承圈辊道的外圆最大直径为 2300mm，内径上部 1900mm，下部 1800mm，厚度 230mm，质量 160 多 kg。这个大直径的轴承圈无大型立车和大型磨床，根本无法加工。轴承圈内槽下环面是装滚柱轴承的，圈内轴承辊道面需要进行淬火和磨削加工。采用火焰淬火的方法可对辊道面进行表面淬火。然而没有这么大的机床设备进行磨削加工。针对上述问题，设计了用摇臂钻床对辊道面进行磨削加工（图 5-14），其工艺操作步骤如下。

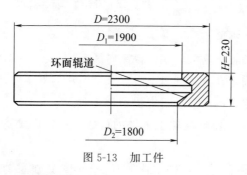

图 5-13　加工件

① 选一台精度较好的摇臂钻床，将机座上的方箱工作台吊开，卸去摇臂升降机构、钻杆变速机构及摇臂。

② 将工件套住钻床立柱，平放在机座平面上，一部分悬空在机座外。在悬空部分的下面，用两个可调顶尖顶住，粗略找一下水平。

③ 将卸去的摇臂及升降机构、钻杆及变速机构等零部件全部装回复原成为完整的摇臂钻床。

④ 将磁力杠杆表座吸在钻轴下端，用杠杆表在工件上平面和内圈进行精确找正。

⑤ 将制造好的芯轴（图 5-15）装在钻杆轴锥孔内，并将碗形砂轮装在芯轴下部。

⑥ 调整摇臂高度和钻杆轴的角度，让砂轮碗口对准工件待磨削面。开动钻杆轴，以最高速度旋转，并进给 0.1～0.12mm，开始进行磨削加工。注意锁住钻杆不再升降。

非标专机设计制造实用技术

⑦ 用手推动摇臂绕钻床立柱缓慢移动，保持正常磨削。当摇臂绕立柱一周，又回到起点时，则整个辊道面已磨削完成。

⑧ 卸去摇臂等部件，取出已加工好的工件，再装上一件未磨削的工件。重新按上述操作步骤进行第二件、第三件的磨削加工。以此类推，直至全部完成任务。

⑨ 工件经上述磨削加工后，再装机试验。将全部滚柱放入后，松紧程度适宜，再加入一些润滑脂，装好盖盘。

用这种方法，对大环形零件内孔进行磨削加工，取得了良好的效果。

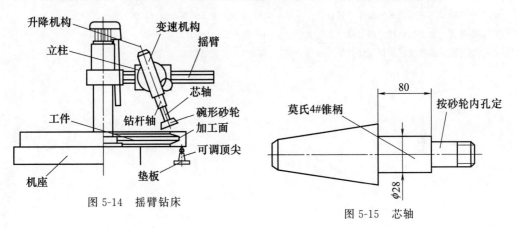

图 5-14 摇臂钻床

图 5-15 芯轴

参 考 文 献

[1] 《燃油燃气锅炉房设计手册》编写组.燃油燃气锅炉房设计手册.北京：机械工业出版社，2013.

[2] 娄延春.铸造手册：第2卷.铸钢.第3版.北京：机械工业出版社，2012.

[3] ［美］吉恩·皮埃尔·皮罗，马丁·弗林特.对置活塞发动机.张然治，吴建全，谭建松等译.北京：国防工业出版社，2012.

[4] 吴生富.150MN锻造液压机.北京：国防工业出版社，2012.

[5] 张青.工程起重机结构与设计.北京：化学工业出版社，2008.

[6] 严尊湘.塔式起重机基础工程设计施工手册.北京：中国建筑工业出版社，2011.

[7] 张质文.起重机设计手册.第2版.北京：中国铁道出版社，2013.

[8] 赵兴仁.活塞式压缩机安装调整与检修.成都：四川人民出版社，1982.